수학이
보이는

바흐의
음악 여행

수학이 보이는
바흐의 음악 여행

1판 1쇄 찍음 2024년 2월 7일
1판 1쇄 펴냄 2024년 2월 20일

지은이 문태선

주간 김현숙 | **편집** 김주희, 이나연
디자인 이현정, 전미혜
마케팅 백국현(제작), 문윤기 | **관리** 오유나

펴낸곳 궁리출판 | **펴낸이** 이갑수

등록 1999년 3월 29일 제300-2004-162호
주소 10881 경기도 파주시 회동길 325-12
전화 031-955-9818 | **팩스** 031-955-9848
홈페이지 www.kungree.com
전자우편 kungree@kungree.com
페이스북 /kungreepress | **트위터** @kungreepress
인스타그램 /kungree_press

ⓒ 문태선, 2024.

ISBN 978-89-5820-876-1   03410

수학이 보이는

바흐의 음악 여행

문태선 지음

궁리
KungRee

여행을 하다 보면 계획에 없던 장소로 발걸음이 향할 때가 있습니다. 우연히 보게 된 사진 한 장이, 스쳐 지나가는 사람의 말 한마디가 중간 경유지를 달라지게 하는 것이죠. 때로는 잘못 올라탄 버스의 종점에 내려 어딘지도 모르는 곳을 황망하게 돌아보고 오는 경우도 있습니다. 잘 짜인 이동 경로를 따라 여행했다면 가지 않았을 엉뚱하고 황당한 장소에서 뜻밖의 경험을 하게 되는 것입니다.

그런데 참 우습게도 여행을 추억하는 순간이면 늘 미지의 세계를 탐험했던 시간들이 유독 기억에 남습니다. 여행지에서의 소소한 일탈과 우연한 마주침이 뻔한 루틴에 생기를 불어넣어 주어서일까요? 어쩌면 여행의 진짜 묘미는 그런 순간이 아닐까 합니다. 지루한 일상에서 경험하는 작은 이벤트처럼 말입니다.

저에겐 바흐와의 음악 여행이 그러했습니다. 〈예술 너머 수학〉 시리즈를 처음 기획할 때만 해도 음악이라는 분야는 제 고려 대상이 아니었거든요. 음악에 수학적인 요소가 많다는 것을 익히 알고 있었지만 도전할 용기가 나지 않았습니다. 방대하기 이를 데 없는 음악이란 분야를 어디서부터 어떻게 공부해야 할지 막막했기 때문입니다. 다룰 줄 아는 악기라고는 리코더밖에 없는 무지함이 음악이라는 거대한 성을 멀리서 바라만 보게 했던 겁니다.

견고하기 이를 데 없어 보였던 음악이란 성벽에 작은 구멍을 낸 것은 한 편의 영화였습니다. 리만 가설을 증명한 가상의 탈북 수학자 이야기를 그린 〈이상한 나라의 수학자〉. 그 영화 속에서 주인공 이학성이 이런 말을 했습니다.

"바흐는 음악의 시작이자 끝이다."
"세상의 음악이 다 사라진다 해도
바흐의 음악만 있으면 복원할 수 있다."

순간 숨이 턱 막혀왔습니다. 그리고 저 말의 의미가 알고 싶어졌습니다. 음악의 시작이면서 동시에 마침표일 수 있는 사람은 도대체 어떤 사람일까. 어떤 음악이길래 세상에 존재했던 다른 모든 곡들을 복원시킬 수 있는 걸까. 저의 호기심은 또다시 풍선처럼 부풀어 올랐습니다.

해답을 찾기 위해 하나씩 실타래를 풀어나갔습니다. 바흐의 음악을 듣고 관련된 책을 찾아 읽으며 바흐라는 인물과 그의 음악과 그 속에 담긴 수학의 원리들을 하나씩 정리해갔습니다. 참으로 놀랍고도 황홀한 경험이었습니다. 지루하기만 하던 클래식이 아름답게 들리기 시작했으니까요. 또한 음악이라는 아름다움의 이면에 규칙과 질서가 있고 그것을 수학으로 설명할 수 있다는 사실에 전율했습니다.

돌이켜 생각하니 음악으로의 여행은 결코 우연이 아니었습니다. 예술을 얘기하며 음악을 빼놓을 수는 없는 노릇이니까요. 그러니 바흐와의 만남은 어쩌면 〈예술 너머 수학〉 시리즈를 기획하던 순간부터 예견되었던 것이 아닐까 싶습니다. 엄격한 듯 자애롭고, 평생을 쉼 없이 노력한 예술가 바흐와의 만남. 저는 이 책을 통해 바흐라는 한 인간의 삶과 그의 음악과 그 속에 담긴 맑은 수학의 언어, 그리고 바흐의 음악을 통해 느꼈던 저의 감정과 생각을 4성의 푸가처럼 잘 엮어보고 싶었습니다. 제각기 자신의 목소리를 내며 어우러지는 다성음악의 성부처럼 모든 이야기들이 독자들에게 올올히 살아 전해지기를 바라봅니다.

음악 여행을 더욱 즐겁게 하기 위한 두 가지 방법을 제안해봅니다.

하나. QR코드 속 음악을 재생해가며 읽습니다. 이번 여행은 매일 아침 바흐의 음악과 함께 시작합니다. 마르코와 여행하듯 기차 안에서 음악을 듣는다고 상상하며 책을 읽어봅시다.

둘. QR코드 속 음악이 '바흐의 연주다'라고 상상하며 듣습니다. 사실 300년 전 바흐의 음악 연주가 어땠는지는 아무도 모릅니다. 누구도 들어본 적이 없기 때문이죠. 그러니 시대를 거슬러 바흐의 연주를 직접 듣는다고 상상해도 좋을 것 같습니다.

"모든 사람이 신을 믿는 것은 아니지만
모든 음악가는 바흐를 믿는다."

바흐의 음악을 복원하기 위해 애쓴 존 엘리엇 가드너의 말입니다. 모든 음악가가 바흐를 믿는 이유. 궁금하지 않으신가요? 마르코와 함께 〈예술 너머 수학〉 시리즈의 마지막 여행을 하면서 차차 알아가

봅시다.

끝으로 〈예술 너머 수학〉 시리즈가 세상에 나올 때까지 든든한 버팀목이 되어준 나의 가족, 거친 원고를 세심하게 다듬어 한 권 한 권 색깔 가득한 책으로 만들어주신 김주희 편집자님을 비롯한 궁리 식구들에게 감사의 말씀을 전합니다. 그리고 교사로서, 작가로서 영감의 원천이자 길의 안내자이신 신현용 교수님께 이 책을 바칩니다.

Enjoy your musical journey with J. S. Bach.

2024년의 봄을 맞이하며
문태선 드림

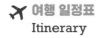 **여행 일정표**
Itinerary

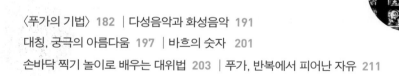

· 바흐의 도시들 ·

· 주요 도시에서 바흐의 활동 ·

★ 아이제나흐(1685~1695) : 바흐가 태어나고 자란 곳이다.

★ 오어드루프(1695~1700) : 부모님이 모두 돌아가시고 큰형 집에서 함께 살았다. 큰형에게 음악의 기초를 배우기 시작했다.

★ 뤼네부르크(1700~1702) : 성 미카엘 교회에서 합창단원으로 노래하며 공부했다.

★ 아른슈타트(1703~1706) : 음악가로서 첫 번째 직장 생활을 한 곳이다.

▼ 뤼베크(1705) : 4주의 휴가를 받아 북스테후데의 지휘와 연주를 보고 왔다.

★ 뮐하우젠(1707~1708) : 성 블라시우스 교회에서 오르간 연주자로 일했다. 마리아 바르바라와 결혼을 했다.

★ 바이마르(1703, 1708~1717) : 바이마르 궁정의 오르간 연주자 겸 실내악단 단원으로 일했다. 할레 사건 이후 콘체르트마이스터로 지위가 높아졌다.

▼ 할레(1713) : 오르간 연주자로 지원했다가 합격했으나 가지 못했다.

▼ 드레스덴(1717) : 프랑스 궁정 연주자인 루이 마르샹과의 음악 대결을 하러 갔다.

★ 쾨텐(1717~1723) : 궁정의 악장인 카펠마이스터로 일했다.

음악을 사랑하는 군주 레오폴트 공과 음악적으로 행복한 시간을 보냈다. 그러나 아내 마리아의 급작스러운 죽음으로 큰 슬픔을 겪는다.

▼ **함부르크(1720)** : 성 야코프 교회의 오르간 연주자 자리에 도전했고 감동적인 연주를 했으나 가지 못했다.

★ **라이프치히(1723~1750)** : 생의 마지막 27년을 일한 곳이다. 성 토마스 교회와 성 니콜라이 교회를 비롯해 도시의 교회 음악을 책임졌다.

▼ **포츠담(1747)** : 프리드리히 대왕을 만나 〈음악의 헌정〉을 작곡해 바쳤다.

바흐의 생애는 대개 옮겨 다녔던 도시를 중심으로 구분한다.
바흐가 거주했던 도시는 ★로, 잠시 방문했던 도시는 ▼로 표시하였다.

서울/인천 공항(ICN) ✈ 독일 프랑크푸르트 공항(FRA)

건축과 미술, 소설을 넘나들며
수학을 이야기하는
엉뚱한 수학 여행자 마르코 님을
라이프치히 바흐 페스티벌에
정중히 모시고자 합니다.

– 라이프치히 바흐 아카이브 –

bach fest
LEIPZIG

세상이 온통 초록으로 물든 5월의 어느 날.

무심히 날아온 엽서 한 장이 마르코를 잠시 멍하게 만든다.

'바흐 페스티벌에 나를 초대한다고?'

'음악과 수학이 무슨 관계라도 있는 건가?'

상황이 좀처럼 이해되지 않는 마르코는 이 초대에 응해야 할지, 말아

야 할지를 잠시 고민한다. 그러다 함께 동봉되어온 비행기 티켓을 보면

서 마음을 굳힌다.

'그래, 가보자! 공짜 비행기 티켓도 보내줬는데 안 갈 이유가 없지.'

'음악도 듣고 여행도 하고 이보다 좋은 여행이 어디 있겠어?'

마르코는 즐거운 마음으로 노래까지 흥얼거리며 짐을 싼다. 스페인에서의 건축 여행, 이탈리아와 네덜란드에서의 판화 여행, 영국으로 떠났던 이상한 나라의 소설 여행의 경험을 한껏 살려 빈틈없는 준비에 열을 올리는 마르코.

그런데 아무리 생각해도 메꿀 수 없는 틈이 하나 있으니 그것은 바로… 음악!

최신 음악을 즐겨듣는 마르코에게 클래식은 영 부담스럽고 어려운 존재다. 음악 여행인데 음악을 잘 모르고 간다는 불안감이 스멀스멀 밀려오지만 마르코는 애써 괜찮은 척을 해본다.

'가면 어떻게든 될 거야. 그래도 초대한 사람의 성의를 봐서 최소한의 노력은 해야겠지?'

마르코는 바흐 선생님의 음악을 찾아 들으며 만반의 준비를 한다. 그렇게 초대의 날은 다가왔고 반나절을 날아 오후 늦게 프랑크푸르트 공항에 도착한다.

M (출국 게이트를 나서며) 오호~ 날씨가 딱 좋잖아?
  저녁이라 약간 쌀쌀하기는 해도 여행하기에는 더없이 좋을 거 같네. 그런데 누가 마중을 나오는 거지?

B (마르코를 한눈에 알아보며) 네가 바로 마르코구나.

M 어! 누구… 세요? 혹시 바흐 선생님?

B 내가 아니면 누가 나올 줄 알았니?

M 글쎄요. 저는 초대장을 보낸 기관, 그러니까 바흐 아카이브에서 누군가 나올 줄 알았죠. 설마 바흐 선생님이 나오실 줄이야!

B 다른 여행에서는 가우디, 에셔, 루이스 캐럴과 함께 다니던데? 그렇다면 이번 여행에서는 당연히 나와 함께 다녀야 하는 거 아니냐?

M 그야 그런데 워낙 전설 같은 분이시라…

B 내가 너무 오래전 사람이라 어려운 건 아니고?

M (황급히 손을 내저으며) 아뇨. 그게 아니라 사실 저는 가벼운 마음으로 여행을 왔거든요. 그런데 '음악의 아버지'라고 불리는 대가와 함께 여행을 한다고 생각하니까 부담이 돼서요. 음악에 대한 지식이 짧아서 과연 대화가 될까 싶거든요.

B 허허허~ 그런 걱정이라면 일단 접어두거라. 음악을 즐길 마음만 있다면 충분히 괜찮은 여행이 될 테니까.

M 정말요?

B 그럼. (시계를 보며) 어이쿠! 빨리 중앙역으로 가야겠구나. 아이제나흐(Eisenach)로 가는 기차가 곧 출발하거든.

M 앗! 기차를 또 타야 하는군요.

B 두 시간 정도 걸리니까 가면서 좀 쉬려무나.

바흐 선생님을 따라 기차에 올라탄 마르코는 좌석을 확인하고 자리에 앉는다. 숨을 고르고 쉴 준비를 하는 마르코를 지긋이 바라보던 바흐 선생님. 언제 준비하셨는지 마르코의 귀에 조용히 이어폰을 꽂아주신다.

M (깜짝 놀라며) 어! 이게 뭐예요?

B 이게 뭔지는 나보다 네가 더 잘 알 텐데.

M 아니, 음악을 이어폰으로 들을 줄도 아세요?

B 지금 나를 무시하는 거냐? 나도 이 시대에 제법 잘 적응해서 살고 있거든.

M 300년의 시차를 이렇게 잘 극복하시다니… 저는 선생님이 이어폰으로 음악을 듣는 장면은 상상도 못 했어요.

B 처음엔 어리벙벙했단다. 요 작은 물건 속에서 어떻게 피아노 소리, 관현악단의 연주 소리가 들리는 건지… 아무리 봐도 모르겠더구나.

M 선생님이 주신 이어폰에는 줄이 있잖아요. 그런데 줄이 없는 무선 이어폰도 있어요.

B 뭐라구? 줄도 없이 어떻게 소리가 전달되냐?

M 음원을 재생하는 기계에서 신호를 보내면, 그 신호를 이어폰에서 받는 거예요.

B 거 참 신기하구나. 하긴 똑같은 음악을 몇 번이고 반복해서 들을 수 있는 것도 처음엔 놀라웠단다. 내가 살던 시대에는 음악을 녹음하거나 연주 장면을 녹화하는 건 있을 수 없는 일이었거든.

M 녹화나 녹음이 없던 시대였군요. 그러면 평소에 음악은 어떻게 들어요?

B 평소에 음악을 듣는다는 건 정말 어려운 일이었어. 특히 평민들에게는 말이다. 듣고 싶을 때 언제든지 음악을 들을 수 있었던 건 귀족이나 궁정 사람들 정도였지. 그 사람들은 나 같은 연주자

를 고용해서 음악 연주를 즐겼으니까.

M 그럼 평민들은 평생 음악도 못 듣고 사는 거예요?

B 평생은 아니야. 주말에 교회를 나가면 들을 수 있었거든.

M 제가 그 시대에 태어났다면 음악을 듣기 위해서라도 종교를 가져야 했겠네요.

B 아마 그랬을 거다. 우리 때는 삶과 종교를 분리해서 생각하기가 어려웠거든. 그만큼 종교가 중요했다는 말이야. 나 역시 평생을 독실한 루터교 신자로 살았는걸.

M 루터교라니… 갑자기 머리가 지끈거리네요.

선생님 시대의 음악을 알려면 당시의 종교나 역사까지도 공부해야 하는 건가요?

B 자연스럽게 알게 될 테니까 너무 걱정하지 마라.

M 네. 알았어요.

준비하신 음악은 어떤 거예요? 당연히 선생님 곡이겠죠?

B 그럼. 네가 어떤 곡을 좋아할지 몰라서 나름 듣기 쉬운 곡으로 준비했다.

제목이 〈이탈리아 협주곡〉(BWV 971)인데, 이 곡에는 복잡한 작곡 기법이 비교적 덜 들어가서 편하게 들을 수 있을 거다.

M 복잡한 작곡 기법이요?

B 대위법이라는 건데, 그 기법이 많이 사용된 음악들은 나름 '생각'이라는 걸 하면서 들어야 하거든.

M 음악을 듣는데 무슨 생각을 해요? 그냥 즐기면 되는 거 아니에요?

B 그냥 들어도 되지. 그런데 알고 들었을 때 색다른 재미가 있는

음악들도 있단다.

M 생각을 하면 재미있는 음악이라…

혹시 그래서 저를 초대하신 거예요? 저에게 그 생각이란 걸 해보라구요?

B 보아하니 너는 호기심이 참 많더구나. 음악 속에 어떤 규칙 같은 게 숨어 있다면 왠지 알고 싶어 할 거 같던데. 아니냐?

M 제가 규칙을 좋아하긴 하죠. 음악 속에도 그런 게 있다면 신기할 거 같아요. 도대체 어떤 규칙이 있는지, 어떻게 해야 그 규칙이 들리는지 알고 싶어지는데요?

B 그건 차차 얘기하도록 하고 일단은 조용히 눈을 감고 감상해봐라.

M 네. 그럼 잠시 눈을 좀 감겠습니다.

마르코는 〈이탈리아 협주곡〉을 들으며 규칙을 찾으려 노력한다. 어떻게 들어야 규칙이 들리는지도 모른 채. 그러다 밀려드는 졸음을 이겨내지 못하고 스르륵 잠에 빠져든다. 자꾸만 잠이 쏟아지는 건 클래식 음악 때문이 아니라 시차 때문이라고 스스로 위로하면서…

그렇게 마르코는 꿈길을 헤매듯 비몽사몽 숙소에 도착한다.

바흐 가문의
피타고라스

TICKET

in 아이제나흐

Air from the Orchestral Suite
No. 3 in D Major

J.S. Bach (BWV 1068)

바이올린의 감미로운 선율이 마르코의 깊은 잠을 깨운다. 간지럽히

듯 들려오는 이 음악은 클래식에 무지한 마르코에게마저 익숙하다.

'클래식 음악과 함께 눈뜨는 아침이 이렇게나 달달하다니…'

생전 처음 느껴보는 낯설고도 신선한 이 기분을 마르코는 천천히 음미하려 애쓴다. 뽀송뽀송한 침대에 누워 〈G 선상의 아리아〉를 듣고 있는 이 순간. 누군가 입안에 달콤한 커스터드 푸딩이라도 한 스푼 넣어준다면 바로 천국으로 날아갈 것만 같다.

〈G 선상의 아리아〉

B 일어났니?

M 네. 혹시 저를 깨우려고 음악을 틀어놓으신 거예요?

B 딱히 그런 목적은 아니었는데?

M 하긴 선생님은 음악가니까 음악을 듣는 게 자연스러운 일상이겠네요.

B 그럼. 음악을 연주하든 연주하지 않든 음악은 늘 내 마음속에 흐르고 있지.

M 〈G 선상의 아리아〉 같은 음악이 마음속에 늘 흘러다닌다…
그건 도대체 어떤 느낌일까요?

B 내 음악을 가까이하면서 자주 듣다 보면 조금은 알 수 있을 거다. 너는 동영상이나 음원을 통해 음악을 여러 번 반복해서 들을 수 있는 시대에 살고 있잖니. 그러니 한번 시도해보렴.

M 아! 맞다. 선생님 시대에는 녹음이나 녹화가 안 된다고 하셨죠?

B 세상에 똑같은 음악 연주라는 게 없었던 시대야. 언제 어디서 누가 어떤 악기를 가지고 연주하느냐에 따라 서로 다른 음악이 되니까. 게다가 한 번 연주가 끝난 음악은 다시 들을 수도 없었지.

아이제나흐 바흐 하우스

M 같은 음악을 두 번 듣는 게 불가능했다니…

그렇다면 정신 바짝 차리고 마음에 새겨가며 들어야겠네요.

B 허허~ 그래야겠지.

달라진 건 그뿐만이 아니더구나. 지금은 악보도 손으로 그리지 않던데?

M 당연하죠. 요즘 시대에 누가 악보를 손으로 그려요. 다 컴퓨터 프로그램으로 그리죠.

B 참 신기한 세상이 펼쳐졌구나. 현기증이 날 정도로 모든 게 너무 많이 변해버렸어. 당장 나는 내가 살던 집이 어딘지조차 찾을 수 없게 되었는걸. 사람이 많아지면서 도시가 엄청나게 커져버렸거든.

M 어! 그럼 여긴 어디예요? 선생님이 사시던 집이 아니에요?

B 집 근처 숙소란다. 내가 태어난 집이 이 근처 어디인 건 분명한

데 정확히 어딘지는 모르겠더구나.

저기 노란색 건물 보이니? 바흐 하우스라고 불리는 박물관 말이다. 저기가 내가 살던 집이라고들 하던데 저기도 아닌 거 같고…

M 아… 이번 여행에서는 선생님 댁을 찾아가 머무는 게 어렵겠네요.

B 아무래도 내가 일했던 교회나 궁정 근처에 숙소를 잡고 돌아다녀야 할 거 같다. 어차피 내가 너에게 들려주고 싶은 음악은 모두 그곳에 있으니 상관은 없겠지?

M 그럼요. 오늘은 교회를 가나요? 궁정을 가나요?

B 성 게오르크 교회(Georgenkirche)를 갈 거다. 내가 세례를 받고 어린 시절 성가대원으로 활동했던 곳이지.

M 세례를 받은 교회요? 그 장소가 아직도 있어요?

B 다행히 그대로 남아 있더구나. 그 교회는 나에게도 중요하지만 역사적으로도 아주 큰 의미가 있는 곳이거든. 루터가 교황에게 종교개혁을 선언하며 연설을 한 장소야.

M 오~~ 이렇게 작은 동네에 종교개혁가 루터가 왔었다구요?

B 루터도 여기 튀링겐 지역 사람이었어. 나와 같은 학교를 다녔고 나처럼 성 게오르크 교회에서 성가대로 활동했었지.

M 그럼 루터를 만나신 거예요?

B 허허~ 루터는 나보다 무려 200년 전에 태어난 사람이란다.

M 아~ 하하하하. 제가 역사에는 좀 약해서…
아무튼 우연치고는 두 분의 인연이 꽤 깊어 보이네요.

B 깊다마다. 음악에 대한 루터의 생각은 내 작품에도 큰 영향을 줬으니까.

M 루터는 음악을 어떻게 생각했는데요?

B 신이 준 선물이라고 생각했단다. 음악을 통해 성경 속 이야기를 전할 수도 있고 동시에 감동도 줄 수 있으니까. 사람에게 음악이 없다면 그건 돌덩어리와 다름없지만 음악이 있다면 악마도 물리칠 수 있다고 말했지.

M 그렇다면 성경을 노래로 만들어서 열심히 불러야겠는데요?

B 내가 하려던 일이 바로 그거야. 그건 내 소명이기도 했지.

M 소명이라… 선생님 음악에서는 종교를 빼놓을 수가 없을 것 같네요.

B 그래. 내 음악의 목적은 언제나 한결같았어. 신의 뜻을 전하고 찬양하는 일. 그게 목적이었지. 그건 내가 어디에서 누구를 위해 일을 하든 마찬가지였단다. 내 악보의 끝을 보면 'Soli Deo Gloria'라는 글자를 볼 수 있거든. '오직 신의 영광을 위해'라는 뜻인데, 그게 바로 내가 음악을 하는 이유였단다.

M 믿음이 정말 깊으셨군요.

바흐 악보의 끝을 장식한 라틴어 'Soli Deo Gloria'

B 평생을 독실한 루터교 신자로 살았으니까. 종교는 내 삶과 음악의 중심이었어.

M Soli Deo Gloria. 선생님의 음악을 들을 때마다 떠올려볼게요. 작곡을 할 때나 공연을 할 때 어떤 마음이셨을지 이해하고 싶거든요.

B 그래 주겠니? 고맙구나.

그렇다면 음악 여행을 시작하기 전에 공부를 좀 하고 갈까?

M 무슨 공부요?

B 바흐 가문에 대한 공부.

M 음악 여행인데 왜 선생님 가문에 대한 공부를 해요?

B 왜냐구? 우리 가문에 대한 이해 없이는 나를 이해할 수 없으니까.

바흐 음악 가문의 시조, 파이트 바흐

M 이 그림은 뭐예요?

B 내가 그린 우리 가문의 족보!

M (깜짝 놀라며) 아니, 바흐 가문의 족보를 손수 그리셨다구요?

B 내가 50세 되던 해인 1735년에 그렸지. 어때? 멋지지 않니?

M 그림도 엄청 예술적으로 잘 그리시네요. 가족들을 나뭇가지에 매달려 있는 열매로 표현하신 거 맞죠?

B 그렇지.

M (족보를 한참 보다가) 뿌리 바로 위에 계신 분부터 족보가 시작되네요.

바흐 집안의 족보

B 그분은 나의 4대조 할아버지인 파이트 바흐(Veit Bach)란다. 원래는 헝가리에서 제빵업을 하셨는데, 종교 박해가 심해지면서 이곳 튀링겐으로 옮겨오셨지. 파이트 바흐 할아버지는 루터교 신자였거든.

M 조상님들이 처음부터 독일에 사신 게 아니군요.

B 그래. 박해를 피해 루터교 사람들이 사는 지역을 찾다 보니 이곳까지 오게 되셨다는구나. 할아버지께서는 이곳에 터를 잡은 이후에도 계속해서 제빵업을 하셨어. 그런데 이분이 음악을 참 좋아하셨거든. 물레방앗간에서 밀가루를 빻는 동안 치터(zither)를 연주했다는 이야기가 전설처럼 전해져 온단다.

M 치터가 악기 이름이에요?

치터

B 평평한 울림통 위에 현들을 묶어서 만든 악기란다.

M 꼭 목이 없는 기타처럼 생겼네요. 그런데 방앗간에서 연주를 하
면 악기 소리가 들리긴 할까요? 방아 찧는 소리가 엄청 시끄러웠
을 텐데요.

B 나도 그 장면을 상상해봤거든. 시끄러운 곳에서 어떻게 연주를
했을까 싶어서 말이다. 그런데 만약 방아 찧는 기계 소리에 규칙
이 있다면 가능할 것 같더구나. 기계 소리에 박자를 맞추어 연주
하면 되니까. 내 생각에 우리 할아버지는 쿵덕거리는 방아 소리
를 박자 삼아 연주를 했었던 것 같구나.

M 방앗간이라는 열악한 작업 환경이 오히려 박자의 개념을 자연스
럽게 익히게 해줬군요.

B 그렇다고 할 수 있지.

M 그런데 족보에서 선생님은 어디 계세요?

B (노란색 동그라미를 가리키며) 여기 있지. 줄기를 따라 아래로 내
려가면 내 아버지인 요한 암브로지우스 바흐도 찾을 수 있단다.

M 아~ 맞네요. 요한 제바스티안 바흐. 1685년 3월 21일에 태어났
다고 쓰여 있어요.

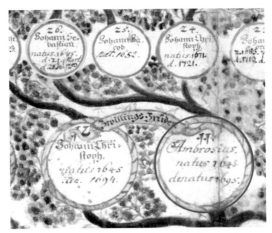

요한 제바스티안 바흐와 아버지 암브로지우스 바흐

B 여기 그려진 바흐 가문 사람들 중 상당수가 음악가로 활동했었
단다. 내 아버지는 이곳 아이제나흐의 궁정 음악가이자 시 음악
가였고, 아버지의 쌍둥이 동생인 요한 크리스토프 바흐는 이웃
도시인 아른슈타트(Arnstadt)에서 같은 일을 하고 있었지.

M 쌍둥이 형제가 같은 일을 했었네요.

B 그분들뿐만이 아니야. 파이트 바흐 할아버지 이후 약 250년 동
안 우리 집안에서는 50명 넘는 음악가가 배출되었어. 튀링겐 일
대에서 우리 가문의 이름은 음악가를 대표하는 고유명사처럼 사
용되었단다.

M 바흐 집안사람들에게는 음악적인 재능이 대물림되었군요.

B 내 자식 중에도 나만큼이나 유명해진 음악가들이 있어. 장남인
빌헬름 프리데만(W. F. Friedemann Bach)과 둘째 카를 필리프 에
마뉴엘(C. P. Emanuel Bach), 그리고 요한 크리스티안(J. Christian

Bach)도 훌륭한 음악가였지.

M 궁금한 게 있는데, 음악가 집안사람들이 모이면 다 같이 연주를 하나요?

B 연주만 하겠니? 노래도 부르고 춤도 추지. 얼마나 즐거운지 몰라. 물론 처음에는 다 함께 코랄이라는 교회 음악을 경건하게 부르면서 시작해. 우리는 신실한 루터파 사람들이니까. 그런데 그게 오래 가질 않아. 금세 농담이 시작되거든. 아주 짓궂고 익살맞은 내용을 민요에 넣어서 부르기도 하지. 그러다 보면 다 같이 시원하게 웃고 떠들고 즐기면서 끝나게 된단다.

M 듣기만 해도 행복해지는 거 같아요.

B 우리 가문은 서로를 참 애틋하게 생각했어. 그런데 다들 뿔뿔이 흩어져 살고 있으니 자주 만날 수가 없잖니. 그래서 어쩔 수 없이 1년에 한 번 정도 날짜와 장소를 정해 만나서 회포를 풀었지.

M 음악 가문에 태어나신 게 선생님에게는 축복이었네요. 덕분에 음악을 자연스럽게 익힌 게 아닐까 싶기도 하구요.

B 바로 그 이유지. 음악은 나에게 공기와 같았거든. 나는 음악이 뭔지도 모를 때 이미 음악가가 되어가고 있었던 거야. 악기도 일찍부터 가까이했어. 바이올린은 아버지에게, 오르간은 사촌 큰아버지한테 배웠으니까.

M 선생님이 어떻게 음악가가 되었는지 이제 알 것 같네요.

B 그럼 이제 슬슬 성 게오르크 교회로 출발해볼까?

M 나가는 김에 바흐 하우스도 들러봐요.

B 그러자꾸나.

아이제나흐 성 게오르크 교회

교회와 음악

M 저 교회군요. 생각보다 작고 소박한데요?

B 내가 태어날 때부터 있었던 교회잖니. 당시에 아이제나흐의 인구는 겨우 7,500명 정도였는걸. 이 정도면 이 근처에 사는 사람들이 다 함께 모여 예배를 보기에는 충분한 크기였지.

M 인구가 만 명도 안 되다니… 정말 작은 도시였군요.

B 지금과는 비교할 수 없을 만큼 인구가 적었던 시대였어. 내가 태어났을 당시 독일에서는 30년 전쟁이 끝나가고 있었거든. 그러니 상상해봐라. 전쟁으로 폐허가 된 곳에서 얼마나 많은 사람들이 영양실조와 질병으로 죽어갔을지를. 당시 평균 수명이 30세

정도였다고 하니 인구가 불어나기는 어려운 상황이었겠지?

M 전쟁의 후유증을 극복하는 데 오랜 시간이 걸렸을 거 같네요. 멀리 다른 도시나 나라에서 사람들이 오면 회복에 도움이 됐을 거 같은데⋯ 일하는 사람이 많아져야 생산이 늘고 경제도 활발해지고 하잖아요.

B 도시 간 이동도 쉽지 않았어. 지금은 이 지역을 독일이라는 하나의 통일된 국가의 이름으로 부르지만 당시에는 아니었거든. 과거엔 독일 전체가 나름의 통치 체계를 갖춘 작은 나라들로 쪼개져 있었단다. 그러니 당시에 누군가 나에게 '당신은 어느 나라 사람이오?'라고 물었다면 나는 독일 사람이 아니라 튀링겐주 사람이라고 대답했을 거야.

M 지금의 독일과 참 많은 것이 달랐군요. 역사 공부가 나름 재미있는데요?

B 그럼 이제 들어가볼까? 안에 가면 내가 세례를 받았던 장소도 볼 수 있단다.

교회 안으로 들어간 마르코는 천천히 복도를 따라 걸으며 상상의 나래를 펼쳐본다. 태어난 지 얼마 안 된 아기 바흐 선생님이 세례를 받는 장면, 그리고 성가대석에 서서 노래를 하고 있을 꼬마 바흐 선생님의 모습을⋯

M 선생님에게도 어린 시절이 있었군요.

B 허허허~ 당연하지. 태어나면서부터 어른인 사람은 없잖니.

M 꼬마일 때 여기 서서 노래를 하셨던 거잖아요.

B 나는 코랄을 부르고 아버지는 지휘를 하고 바흐 가문의 다른 음악가들은 악기를 연주했지. 신도들은 매주 이 교회에 와서 우리 가문이 연주하는 음악을 듣고 갔단다.

M 와~ 바흐 가문의 음악회를 매주 듣다니… 정말 굉장한데요?

B 굉장할 거까지야. 당시에는 그게 일상이었는걸.
주중에 열심히 일을 하다가 주말이 되면 교회에 나오는 게 당시 사람들의 삶이었지.

M 혹시 교회에 안 나오는 사람들은 없었어요?

B 글쎄다. 아마 없었을 거다. 종교가 없는 삶을 상상할 수 없었던 때니까. 게다가 그때는 지금처럼 즐길 거리가 많지 않았거든. 그나마 교회라도 와야 지루한 일상에서 조금은 벗어날 수 있었단다.

M 하긴 그때는 TV도 없고 게임기도 없었을 거 아니에요. 매일 일만 하다 보면 주말이 기다려지긴 했겠어요.

B 교회는 예배만 보는 곳이 아니었어. 사람들을 만나 세상 돌아가는 소식을 접하는 정보 교류의 장이었지. 설교를 들으면서 자신의 삶을 되돌아보는 성찰의 장소이기도 했고. 음악을 듣고 노래를 부르면서 주중에 쌓인 피로를 풀고자 하는 목적도 컸어. 예배가 길어지면 잠을 자기도 하고, 지루함을 달래기 위해 신문을 보기도 하고 그랬으니까.

M 아니, 교회에 와서 잠을 자고 신문을 본다구요?

B 예배 시간이 워낙 길다 보니 중간에 잠이 드는 경우도 허다했지. 주말에 칸타타를 시작하면 보통 4시간 가까이 연주를 하거든.

중간중간 설교나 기도가 있긴 하지만 말이다.

M 4시간이라니… 진짜 길기는 하네요.

B 그렇지만 길다고 느끼는 사람은 별로 없었을걸? 주말이 되기를 손꼽아 기다린 사람들 입장에서는 교회라는 크고 화려한 공간에서 펼쳐지는 연주와 합창이 더없이 즐거운 공연이었을 테니까.

M 듣고 보니 그 시대에 교회가 없었으면 지루해서 어떻게 살았을까 싶네요.

B 나 역시 교회가 없었으면 어떻게 살았을까 싶구나. 당시에는 나를 포함한 많은 음악가들이 교회를 위해 일했어. 왕이나 귀족에게 고용된 사람들의 수보다 훨씬 많은 사람들이 교회 음악을 하며 생계를 유지한 거야. 어떻게 보면 음악가들에게 교회는 참 훌륭한 공연장이라고 할 수 있겠구나. 내 음악을 듣겠다고 오는 관객들이 늘 대기하고 있지 않니.

M 일종의 상설 공연장이네요. 게다가 공연 티켓이 언제나 매진인 거잖아요. 그렇다면 그렇게 열심히 안 해도 될 거 같은데요? 잘하든 못하든 고정 고객이 늘 있는 셈이니까요.

B 그렇게 생각할 수도 있지. 하지만 나는 항상 최선을 다했어. 그래야 더 많은 사람들에게 하나님의 영광을 전할 수 있으니까.

M 선생님께서 음악을 하는 이유와 열정은 한결같으셨군요.
그런데 저 궁금한 게 있어요.

B 뭐가?

M 코랄(Coral)이 뭐예요? 합창 단원일 때도 부르고 가족들이 함께 모일 때도 부른다던…

B 코랄? 예배할 때 다 함께 부르는 합창곡을 말한단다. 때로는 오페라 가수처럼 독창을 하기도 하거든. 그럴 때는 그 음악을 칸타타(Cantata)라고 부르지.

M 커피 이름 중에 칸타타가 있는데, 그게 음악용어였군요.

B 칸타타는 가사의 내용에 따라 세속 칸타타와 교회 칸타타로 나누어지거든. 성경의 내용을 가사로 만든 칸타타들을 독일에서는 특별히 '코랄 칸타타'라고 불렀단다.

M 코랄과 칸타타가 합쳐져서 새로운 음악 장르가 생겼네요.

B 그래. 다른 복잡한 음악용어들도 많지만 일단 그 두 개는 기억해 두거라.

M 네. 알겠어요. 그럼 이제 바흐 하우스로 갈까요?

마르코와 바흐 선생님은 10여 분을 걸어 다시 바흐 하우스에 도착한다. 천천히 내부를 둘러보던 마르코는 바흐 선생님의 성적표를 발견하고 그 자리에 멈춰 선다.

어린 바흐

M 어! 여기 선생님 성적표가 있어요.

B 아이쿠~ 이런. 내 성적표가 여기 있을 줄이야.

M 1학년 때는 90명 중에 47등이었다가 2학년 때는 14등이 되고, 3학년 때는 64명 중에 23등이었으니까. 뭐 썩 나쁘진 않은데요?

B 그렇다고 좋은 성적은 아니었지.

M 4학년 때부터 갑자기 성적이 좋아졌어요. 4학년 때는 4등, 5학년 때는 무려 1등을 하시고. 그 후에도 성적이 계속 좋았네요.

B 그때부터는 오어드루프(Ohrdruf)라는 지역에서 학교를 다녔단다.

M 전학을 가신 거예요?

B 그럴 수밖에 없는 상황이 되었거든.

M 어떤 상황이요?

B (슬픈 표정으로) 열 살이 되던 해에 나는 부모를 모두 잃었어. 말 그대로 고아가 된 거지.

M 어쩌다 그런 일이…

B 내가 아홉 살이던 1694년에 어머님이 돌아가셨거든. 그리고 바로 다음 해에 아버지가 돌아가셨어. 그래서 어쩔 수 없이 오어드루프에 있는 큰형 집으로 갔던 거야. 작은 형 요한 야코프 바흐(Johann Jacob Bach)와 함께 말이야.

M 열 살이면 정말 어린 나이잖아요.

B 세상이 무너지는 기분이었어. 그렇다고 낙담만 하고 있을 수는 없었지. 큰형에게는 미안하지만 그곳에서 신세를 지며 내가 살아갈 방법을 찾아야 했단다.

M 겨우 열 살짜리 꼬마가 어떻게요?

B 일단은 형에게 작곡의 기초와 쳄발로라는 악기의 연주법을 배웠어. 당시에 형은 요한 파헬벨(Johann Pachelbel)이라는 유명한 음악가에게 음악을 배우고 있었거든. 뿐만 아니라 나는 학교에서 공부도 정말 열심히 했지. 그래야 독립할 수 있는 능력이 생긴다고

아이제나흐의 옛 모습

오어드루프의 옛 모습

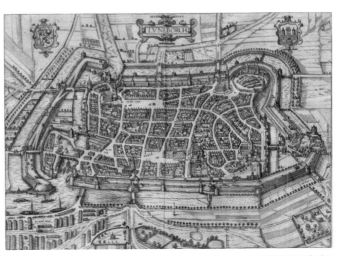

뤼네부르크 옛 지도

믿었으니까.

M 성적이 갑자기 좋아진 이유가 바로 그거였군요.

B 일찍 철이 들었던 것 같구나. 어떻게든 내 밥벌이는 해야겠다는 생각을 그때부터 했으니까.

M 밥벌이면 돈을 번다는 말씀이세요?

B 그래. 성가대에서 노래를 부르면 하루치 쌀과 땔감, 그리고 약간의 돈을 받을 수 있었거든. 그렇게라도 형에게 신세를 덜 지고 싶었어.

M 너무 대단한데 또 한편 마음이 아프네요.

B 사실 형 집에 얹혀사는 걸 당연하게 생각할 수도 있었어. 당시에는 큰형이 동생들을 견습생으로 데리고 살면서 가르치는 것이 관습이었거든. 음악가를 일종의 기술자로 생각했던 시대였으니까. 그런 식의 도제 교육으로 음악가가 길러졌단다. 나 역시 내 제자들을 그렇게 가르쳤고.

M 음악가가 기술자라구요? 대장장이나 건축가들처럼요?

B 그러니 음악을 배우려면 어쩔 수 없이 형 집에서 함께 살 수밖에 없었던 거야. 그런데 나는 참 불편하더구나. 아무리 관습이 그렇다 하더라도 하루빨리 독립을 하고 싶었어. 그러려면 내 능력을 키우는 방법밖에 없었지.

M 그래도 형인데… 좀 편하게 생각하셔도 되지 않아요?

B 큰형은 나보다 무려 열네 살이나 많았단다. 당시에 형은 결혼도 했었지. 아이들을 낳으면서 식구가 점점 늘어나는 상황이기도 했고. 안 그래도 어려운 살림에 내 입까지 늘었으니 얼마나 힘들

었겠니. 내 입장에서는 눈치를 안 볼 수가 없더구나.

M 짐이 되기 싫은 마음은 충분히 이해가 가요. 그래도 독립을 하기엔 너무 어린 나이잖아요.

B 어리긴 하지만 그렇다고 아주 불가능한 일은 아니야. 난 말이다, 뭐든 열심히 하다 보면 길이 보일 거라고 믿었거든. 그래서 음악 공부도, 학교 공부도 열심히 한 거야. 앞으로 닥쳐올 미래를 온전히 나 혼자의 힘으로 살아가려면 근면해져야 할 것 같았거든. 아무리 생각해도 나에겐 근면이 유일한 방법 같았어.

M 도대체 얼마나 근면해야 하는 거예요?

B 뭐든 할 수 있는 이상을 해내려고 노력해야지. 난 말이다, 형이 내주는 숙제를 최대한 빨리 끝내고 더 높은 수준의 과제를 달라고 졸라댔어. 형에게는 당시에 가장 유명한 음악가들의 곡을 모아놓은 악보집이 있었거든. 난 그걸 배워보고 싶었어. 그런데 이상하게도 형은 그 악보집을 나에게 주지 않더구나.

M 왜요?

B 나도 모르겠다. 당시에는 지금처럼 출판 산업이 발달하지 않아서 악보를 구하는 일이 만만치 않았거든. 가격도 당연히 비쌌고 말이다.

M 혹시 선생님이 그 귀한 악보를 잃어버리거나 찢을까봐 그랬을까요?

B 그랬을지도 모르지. 그런데 그렇다고 포기할 내가 아니지 않니? 나는 일단 형이 그 귀한 악보를 책장에 넣고 잠가둔다는 사실을 알아냈어. 놀랍게도 그 책장 문틈 사이로 내 작은 손이 들어가더

구나. 그래서 그 악보집을 둥글게 말아서 끄집어냈지. 그러고는 밤마다 달빛 아래서 악보들을 하나씩 베껴 썼단다.

M 그야말로 형설지공(螢雪之功)이네요.

B 악보집을 전부 옮겨 그리는 데 꼬박 6개월이 걸렸던 거 같다. 고생스러웠지만 괜찮았어. 보물을 손에 넣게 되었으니까. 그런데 형이 그 사실을 알게 된 거야. 내가 악보집을 모두 베꼈다는 사실을 말이야.

M 칭찬받으셨죠? 악보를 찢거나 잃어버리지도 않고 잘 베꼈잖아요.

B 칭찬이라니… 나는 고생해서 만든 그 필사본을 모두 빼앗겼단다. 그리고 끝내 돌려받지 못했어.

M 아니, 그걸 왜 뺏어요? 동생이 능력을 키워서 독립을 하겠다는데, 도와주지는 못할망정 방해를 하다니요. 정말 나쁜 형이네요.

B 잘은 모르겠지만 나쁜 마음은 아니었을 거다. 형은 나에게 늘 고마운 존재였거든.

M 아니, 6개월이나 걸려 완성한 악보를 뺏어갔는데 뭐가 고마워요?

B 어려웠던 시기에 큰형이 없었더라면 나는 음악가로 성장하지 못했을 거야. 공부를 계속할 수 있었던 것도, 음악의 진정한 정수를 맛볼 수 있었던 것도 다 큰형 덕분이니까.

M 그래도 그 악보집으로 공부를 했더라면 얼마나 좋았을까 하는 아쉬움은 여전히 남네요.

B 나 역시 아쉽지만 괜찮단다. 다행히 내가 너무 늦지 않게 독립을 했거든. 열다섯 살이 되던 해에 뤼네부르크라는 도시의 성 미카

엘 교회에 성가대원으로 뽑혔으니까.

M 오~ 잘됐네요. 선생님이야 뭐 지원만 하면 당연히 되는 거 아닌 가요?

B 그건 아니야. 성 미카엘 교회에서는 음악에 재능이 있는 가난한 소년을 합창 장학생으로 선발했거든. 중요한 선발 기준은 아름다운 목소리를 가지고 있어야 한다는 거였어. 감사하게도 그곳에서 나를 받아줬고, 교회 소속의 기숙학교에서 숙식을 제공받으며 공부할 수 있었단다.

M 얼마나 기쁘셨을까요.

B 뤼네부르크까지는 정말 멀더구나. 오어드루프에서 무려 350 킬로미터나 떨어진 곳이거든. 다행히 내 친구 에르트만(Georg Erdmann)이 함께 가서 덜 지루하게 걸어갈 수 있었단다.

M (깜짝 놀라며) 네? 350킬로미터를 걸어가셨다구요? 350킬로미터면 서울에서 부산까지의 거리인데 어떻게 그 거리를 걸어갈 수가 있어요?

B 2주 정도 걸렸던 거 같구나. 친구가 있으니 같이 걷다가 쉬다가 노래도 부르다가 하면서 가면 되지.

M 선생님이 살던 시대는 제 상상을 뛰어넘네요.
가서는 어떠셨어요? 적응은 잘하셨죠?

B 그럼. 소프라노 파트를 맡아 아주 훌륭하게 소화를 해냈지.

M 어? 선생님은 남자잖아요. 그런데 왜 소프라노를 맡아요?

B 당시에는 여성이 교회 합창단원으로 활동할 수가 없었거든. 모든 음역대를 남자들이 불러야 했어. 그러니 높은 음의 파트는 나

처럼 변성기가 아직 지나지 않은 소년들의 몫이었지.

그런데 문제가 생겼어. 나에게도 변성기가 오고 만 거야.

M 그럼 어떡해요? 소프라노 파트를 맡을 수 없게 된 거잖아요.

B 목소리가 갈라지니 소프라노는커녕 노래를 부르는 것조차 어려워졌지.

M 큰일이네요.

B 난감한 상황이었어. 까딱하면 학교에서 쫓겨날 수도 있었거든. 다행히 오르간이나 클라비어, 바이올린 같은 악기들을 잘 다룰 수 있었던 덕분에 학교에 계속 남아 있을 수 있었단다.

M 휴~ 천만다행이네요. 큰형의 가르침 덕분에 위기의 순간을 넘길 수 있었군요.

B 문제는 졸업 이후의 진로인데… 마음 같아선 공부를 계속하고 싶었지만 경제적으로 어렵다 보니 그럴 수가 없었어. 어쩔 수 없이 나는 취업을 하기로 마음먹었단다. 당시에 내 나이가 열일곱 살이었거든. 그런데 나이가 적다는 이유로 내 실력을 제대로 인정해주지 않더구나. 아쉬운 대로 나는 바이마르 궁정에 바이올린 연주자 겸 시종으로 취업을 했지.

M 시종이면 심부름꾼 아니에요?

B 탐탁지 않았지만 어쩔 수 없었어. 그래서 6개월 후에 일터를 옮겼단다. 아른슈타트에 있는 교회로 말이야. 아른슈타트의 교회는 나를 연주자로 인정해줬던 첫 번째 직장이란다. 그런 의미에서 내일은 아른슈타트로 가볼까?

M 앗! 설마 뤼네부르크 갈 때처럼 걸어가자고 하시는 건 아니겠

죠?

B 여기서부터 아른슈타트까지는 기껏해야 50킬로미터 정도밖에
안 되는걸. 그러니 한번 걸어가보는 건 어떻겠니? 내 시대를 경
험한다 생각하고 말이다.

M (두 손을 절레절레 흔들며) 그런 경험은 사양할게요.

B 허허허~ 겁먹기는. 걱정하지 마라. 나도 걸어갈 생각은 없으니까.

M (한숨을 내쉬며) 어휴… 다행이다.

B 그럼 오늘의 여행은 여기까지 하고 숙소에 가서 쉬어야겠구나.
내일은 아른슈타트로 떠나야 하니까.

마르코와 바흐 선생님은 숙소로 돌아와 휴식을 취한다. 그러던 중 기
막힌 생각이 떠오른 마르코가 바흐 선생님에게 황급히 뛰어간다.

최초의 음악가, 피타고라스

M 선생님! 선생님! 제가 방금 기막힌 생각을 해냈어요.

B 무슨 생각 말이냐?

M 아까 파이트 바흐 할아버지가 방앗간에서 밀가루를 빻을 때 박
자에 맞춰서 치터라는 악기를 연주했다고 하셨잖아요.

B 그랬지. 그런데?

M 수학자 중에도 비슷한 경험을 한 사람이 있어요. 피타고라스
(Pythagoras)라는 사람인데 대장간 옆을 지나가다가 쇠망치 두드

리는 소리를 듣고 음악의 원리를 발견했대요.

B 그래? 어떤 원리였을까?

M 망치의 무게에 따라 음의 높이가 달라진다는 사실이요. 그걸 발견했대요.

B 혹시 무게가 무거워질 때 음의 높이가 어떻게 되는지 아니?

M 당연히 낮아지죠. 반대로 무게가 가벼워지면 음은 높아지구요.

B 기본은 알고 있구나. 그럼 그다음 이야기도 알고 있겠구나.

M 다음 이야기라뇨?

B 흔히들 '피타고라스' 하면 피타고라스의 정리를 발견한 수학자 정도로만 생각하잖니. 그런데 나를 포함한 음악가들에게 피타고라스는 최초의 음계를 만들어낸 음악가로 여겨진단다.

M 피타고라스가 음악가라구요?

B 그래. 이 판화를 봐라. 여기에 피타고라스라는 이름이 보이지?

M 네 개 그림 중 세 곳에 피타고라스라고 쓰여 있네요.
그런데 왼쪽 위 그림에 IVBAL이란 글씨는 뭐예요?

B 유발(Jubal)이라고 읽는단다. 성경에 기록된 첫 번째 음악가의 이름이지.

M 아… 유발과 피타고라스는 모두 음악가로 그려진 거군요. 그렇다면 저 그림들은 음악가들이 음악 실험을 하고 있는 모습인가요? 크기가 다른 망치와 종, 물의 양이 다른 컵, 서로 다른 무게로 잡아 당겨지는 줄, 길이가 다른 피리 같은 도구들을 이용해 소리를 내고 있잖아요.

B 그림 분석을 잘하는데? 아까 네가 피타고라스 얘기를 할 때 망치

가푸리오(Gaffurio)의 판화 〈음악 이론〉(Theorica musicae)

의 무게가 달라지면 음의 높낮이가 달라진다고 했잖니. 마찬가지로 물의 양이나 현의 장력, 관의 길이를 조절하면 음의 높낮이를 달라지게 할 수 있단다.

M 어떻게요?

B 그림에 쓰인 숫자들을 잘 보거라.

M 여섯 개의 숫자 중에 16, 12, 8, 6은 잘 보여요. 그런데 나머지 숫자 두 개는 뭐죠?

B 그림 하나를 확대해서 볼까? 그럼 나머지 숫자가 각각 9와 4라는 걸 알 수 있단다.

M 아~ 올챙이처럼 생긴 왼쪽 세 번째 수가 9였군요.

B 여섯 개의 숫자를 모두 찾았구나. 그렇다면 저 숫자들의 의미를 알아야겠지?

M 그러게요. 왜 하필 16, 12, 9, 8, 6, 4일까요?

B 망치의 무게, 현과 관악기의 길이에 공통으로 관여하는 저 숫자

들의 비밀은 바로 비율에 있단다.

M 비율이요?

B 그래. 음과 음 사이의 관계를 숫자와 숫자 사이의 비율로 나타낼 수 있다는 걸 발견한 거지.

M 음 사이의 관계를 어떻게 비율로 나타내요?

B 그 설명을 하려면 피타고라스가 실험한 여러 도구 중 하나를 선택해야 하는데, 어떤 게 좋을 거 같니? 참고로 실험의 결과는 실험 도구와 상관없이 언제나 동일하단다.

M 실험의 결과가 같다면 망치의 무게, 현의 길이나 관의 길이 중 아무거나 하나를 선택하면 되겠네요. 그렇다면 저는 최초의 음악 실험인 망치 무게를 선택하겠어요.

B 좋다. 그럼 먼저, 여섯 개 숫자를 크기 순서대로 배열해보자. 그러면 4, 6, 8, 9, 12, 16이 되겠지? 그중에서 두 개의 수를 선택하면 간단한 비를 만들 수 있어.

M 4와 6을 선택해서 4:6＝2:3처럼 만들라는 말씀이죠?

B 그렇지.

M 여섯 개의 숫자를 둘씩 짝지으려면 경우의 수가 제법 많겠어요.

B 짝짓는 경우가 많긴 한데, 기왕이면 간단한 비를 만드는 게 좋겠다. 그래야 듣기 좋은 화음이 만들어지거든.

M 두 수의 비가 복잡하면 소리가 별로 안 좋나요?

B 그래. 예를 들어, 무게의 비율이 1:2인 두 망치를 동시에 치면 높이는 다르지만 같은 소리, 다시 말해 한 옥타브 차이의 소리가 들리거든. 피아노 건반으로 '도'와 한 옥타브 높은 '도'를 동시에

쳐보면 알 수 있을 거다. 한 옥타브 차이 나는 두 음이 꽤 괜찮은 조합이라는 걸. 그런데 비율이 8:9인 망치를 동시에 치면 '도'와 '레'를 동시에 칠 때처럼 썩 좋지 않은 소리가 들리게 돼.

M 그럼 모든 경우의 수를 다 생각할 필요는 없겠네요. 비율이 간단해야 좋은 소리가 나니까요.

B 그렇지. 그렇다면 4, 6, 8, 9, 12, 16 중에 1:2의 비율을 만들려면 두 망치의 무게를 어떻게 선택해야 할까?

M 4와 8, 6과 12, 8과 16으로 선택하면 되겠네요. 1:2의 비율을 만드는 법도 한 가지가 아니군요.

B 그렇지. 다른 비도 한번 만들어볼까?

M 두 망치의 무게를 4와 6으로 선택하면 2:3이 되네요, 6과 8은 3:4가 되구요. 물론 2:3의 비율을 만들기 위해 6과 9, 8과 12를 선택해도 돼요. 3:4의 비율은 9와 12를 짝지어 만들 수도 있구요.

B 잘했다. 방금 네가 말한 비들도 아름다운 화음을 만든다. 두 무게의 비가 2:3일 때는 완전 5도, 3:4의 비일 때는 완전 4도 차이 나는 소리를 만들거든.

M 한 옥타브는 1:2, 완전 5도는 2:3, 완전 4도는 3:4의 비율이군요.

B 바로 그 비율을 이용하면 한 옥타브 안에 있는 모든 음을 숫자로 나타낼 수 있단다.

M '도, 레, 미, 파, 솔, 라, 시'를 모두 숫자로 나타낼 수 있다구요?

B 그렇다니까. 옥타브 안의 모든 음을 숫자로 나타내면 좋은 점이 많겠지? 악기를 만들 때나 조율을 할 때, 인간의 귀에만 의지하기보다 잘 계산된 숫자에 근거하면 보다 정확해질 테니까 말이다.

M 그렇겠네요. 미묘한 소리의 차이를 숫자로 구분해서 나타내는 것도 신기한데, 그 숫자가 다시 소리를 만들어내다니… 정말 놀라워요.

B 피타고라스가 해낸 위대한 업적 중에 음악이 빠지지 않는 이유가 바로 그거란다. 음악을 최초로 수학적으로 시각화해낸 사람이니까.

M 그래서 피타고라스를 최초의 음악가라고 부르는 거군요.

피타고라스 음계

B 본격적으로 '도, 레, 미, 파, 솔, 라, 시'의 7개 음을 숫자로 표현해볼까? 이번엔 망치의 무게보다 현의 길이로 설명하는 게 좋을 것 같다.

M 눈으로 비율을 보려면 무게보다는 길이가 나을 것 같네요.

B 그럼 일단 기준이 되는 '도'의 현의 길이를 1이라고 놓자. 그러면 한 옥타브 높은 '도'의 현의 길이는 어떻게 될까?

M 현의 길이가 길수록 음은 낮아지고 길이가 짧을수록 음은 높아지잖아요. 아까 한 옥타브 차이인 두 음의 비율이 1:2라고 하셨으니까 높은 '도'의 현의 길이는 낮은 '도' 길이의 절반이어야겠네요.

B 그렇지. 한 옥타브 높은 '도'의 비율은 낮은 '도'의 $\frac{1}{2}$이란다. 다음으로 완전 5도를 만들어볼까? '도'를 기준으로 완전 5도에

해당하는 음은 뭘까? 완전 5도 높은 음을 찾을 때는 원래 음을
포함해야 한다는 사실을 잊지 말거라.

M '도'를 포함해서 5도를 높이면, '도, 레, 미, 파, 솔'이네요. 결국
'도'보다 5도 높은 음은 '솔'이 되겠어요.

B 그렇다면 길이가 1인 '도'를 '솔' 음이 되게 하려면 현의 길이를
어떻게 해야겠니?

M 완전 5도에 해당하는 비율이 2:3이니까 5도 높이려면 처음 현의
길이를 $\frac{2}{3}$로 줄여야 할 것 같아요.

B 이번엔 '도'로부터 완전 4도에 있는 음과 현의 길이를 찾아볼까?

M 시작은 여전히 '도'이고 완전 4도 높은 음이니까 '도, 레, 미, 파'
의 '파' 음이 되겠네요. 그리고 비율은 3:4라고 했으니까 현의 길
이를 처음의 $\frac{3}{4}$으로 줄이면 돼요.

B 잘했구나. 지금까지 계산한 원리를 반복하면 다른 모든 음을 찾
을 수 있단다.

M 어떻게요?

B 일단 우리가 찾은 '도', '파', '솔', '도'의 현의 길이를 표에 적어보자.

M 처음 '도'를 1이라고 하면, '파'는 $\frac{3}{4}$, '솔'은 $\frac{2}{3}$, 한 옥타브 높은
'도'는 $\frac{1}{2}$이었어요.

음이름	도	레	미	파	솔	라	시	도
현의 길이	1	?	?	$\frac{3}{4}$	$\frac{2}{3}$	?	?	$\frac{1}{2}$

B 자~ 그럼 지금부터 시작할 건데, 한 옥타브 높은 현의 길이는 $\frac{1}{2}$,

완전 5도 높은 현의 길이는 $\frac{2}{3}$가 된다는 걸 잘 기억해두려무나. 그 두 개의 비율을 반복해서 사용할 거니까. 알았지?

M 네. 알았어요.

B 제일 먼저 '솔'에서 완전 5도 높은 음과 현의 길이를 구해봐라.

M '솔'을 기준으로 완전 5도 높은 음은 다음 옥타브에 있는 '레' 네요. 현재 '솔'의 현의 길이가 $\frac{2}{3}$이고, 그로부터 완전 5도 높아 진 거니까 길이를 다시 $\frac{2}{3}$배 해야겠어요. 그러면 현의 길이는 $\frac{2}{3} \times \frac{2}{3} = (\frac{2}{3})^2$이 돼요.

B 아직 안 끝났다. 지금 너는 한 옥타브 높은 '레'의 현의 길이를 구한 거잖니. 그걸 원래 옥타브의 '레'로 만들려면 현의 길이를 어떻게 해야 할까?

M 한 옥타브 올라갈 때는 현의 길이를 절반인 $\frac{1}{2}$로 줄였잖아요. 그런데 이번엔 음을 거꾸로 한 옥타브 내리는 거니까 현의 길이를 2배로 늘려야 해요.
그러니까 $(\frac{2}{3})^2 \times 2 = \frac{8}{9}$이 되겠어요.

B 그 방법을 반복하면 남은 '미'와 '라', '시'를 구할 수 있단다. 계속 해볼까?

M 와~ 이건 음악이 아니라 완전히 수학인데요?

B 허허~ 진짜 수학을 경험하려면 아직 멀었단다.
다시 '레'를 기준으로 완전 5도 높은 음과 현의 길이를 찾아봐라.

M '레'로부터 완전 5도면 '라'가 되네요. 같은 옥타브에 있는 음이니까 '레'의 현의 길이인 $\frac{8}{9}$을 그냥 $\frac{2}{3}$배만 하면 되겠어요. $\frac{8}{9} \times \frac{2}{3} = \frac{16}{27}$. 맞나요?

B 맞았다. 이제 두 개 남았구나. 방금 구한 '라'부터 완전 5도를 높여봐라.

M '라'에서부터 완전 5도 높은 음은 다음 옥타브의 '미'니까 일단 $\frac{16}{27}$을 $\frac{2}{3}$배 해서 $\frac{16}{27} \times \frac{2}{3} = \frac{32}{81}$를 얻어요. 그런 다음 한 옥타브 내린 '미' 음을 찾기 위해 현의 길이를 다시 2배 해요. 그러면 $\frac{32}{81} \times 2 = \frac{64}{81}$가 되네요.

B 이제 마지막 '시' 음만 남았구나.

M '시' 음은 방금 구한 '미'에서 완전 5도 높아진 음이잖아요. 그러면 '미'의 현의 길이 $\frac{64}{81}$에 $\frac{2}{3}$를 곱하기만 하면 돼요. 결국 $\frac{64}{81} \times \frac{2}{3} = \frac{128}{243}$이 되겠어요.

음이름	도	레	미	파	솔	라	시	도
현의 길이	1	$\frac{8}{9}$	$\frac{64}{81}$	$\frac{3}{4}$	$\frac{2}{3}$	$\frac{16}{27}$	$\frac{128}{243}$	$\frac{1}{2}$

B (박수를 치며) 축하한다. 너는 지금 최초의 순정률이라 할 수 있는 피타고라스의 음계를 계산하는 데 성공한 거란다.

M (지친 표정으로) 네? 최초의 순정률요?

B 그래. 이렇게 음과 음 사이의 관계를 유리수 비율로 나타내는 것을 순정률(pure temperament)이라고 하거든.

M '순정(純正)'이면 '순수하고 바르다' 뭐 그런 뜻인가요?

B 그래. 인간의 귀에 가장 맑으면서도 아름답게 들리는 음의 비율을 찾기 위한 시도라고 할 수 있지.

M 그런데 다 계산해놓고 보니까 너무 복잡해 보이는 수들이 있어

요. '미'는 $\frac{64}{81}$, '시'는 $\frac{128}{243}$ 인데, 이런 비율로는 현의 길이를 맞출
  수 없겠어요.

B 그래서 많은 음악가들이 음과 음 사이의 관계를 더 작은 정수의
  비로 나타내기 위해 노력을 했단다. 실제로 정수비가 간단해질
  수록 우리 귀에는 더 편안하게 들리거든.

M 그럼 다른 순정률도 있다는 거예요?

B 그래. 이런 식으로 비율을 조금 더 간단히 조정한 순정률이 있
  단다.

음이름	도	레	미	파	솔	라	시	도
현의 길이	1	$\frac{8}{9}$	$\frac{5}{6}$	$\frac{3}{4}$	$\frac{2}{3}$	$\frac{3}{5}$	$\frac{9}{16}$	$\frac{1}{2}$

M 어! 분수가 정말 간단해졌네요. 이렇게 해도 소리에는 큰 차이가
  없는 거죠?

B 보통 사람의 귀에는 같은 소리로 들릴 거다. 절대음감의 소유자
  라도 음의 차이를 구분하기는 아마 쉽지 않을 거야.

M 숫자들을 비교해보니까 피타고라스 음계에서와 같은 숫자들이
  보여요.
  $1, \frac{8}{9}, \frac{3}{4}, \frac{2}{3}, \frac{1}{2}$ 같은 숫자들 말이에요.

B 순정률의 바탕에는 언제나 피타고라스의 음계가 있었으니까.
  1:2, 2:3, 3:4의 비율은 그 자체로 너무나 명료하고 편리하거든.

M 피타고라스가 발견한 음악적 원리는 이후의 순정률에도 계속 영
  향을 줬군요.

B 정말 대단하지? 기원전 500년경에 발견한 음악 원리가 무려 2,000년 가까이 이어져 내려왔다는 게 말이야.

M 그러니까요. 저는 피타고라스 정리만 열심히 외웠는데, 알고 보니 피타고라스는 음악 이론의 대가였군요.

B 기왕 눈을 뜬 김에 피타고라스에 대해서 더 알아보고 싶지 않니?

M 더요? 또 뭐가 있어요?

B 당연하지. 그런데 오늘은 이쯤에서 마무리 짓자. 첫날부터 무리를 하면 안 되니까.

M 어! 제 마음을 어떻게 아셨죠?

B 나도 평생 제자들을 가르쳤던 선생이야. 그러니 파르르 떨리는 네 눈빛만 봐도 무슨 생각을 하는지 다 알 수가 있어.

M 아이쿠, 무서워라. 선생님 실망시키지 않도록 복습하고 자겠습니다.

B 허허~ 좋은 자세이긴 하다만 내일을 위해서 푹 쉬려무나.

바흐 선생님의 고향에서 보낸 음악 여행의 첫날. 바흐 가문의 선조인 파이트 바흐 할아버지의 모습에서 최초의 음악가 피타고라스의 모습이 겹쳐 보이다니… 그 바람에 마르코는 본의 아니게 음악 속 수학을 슬쩍 들춰보게 되었다. 수학자인 줄로만 알고 있던 피타고라스가 최초의 음악가였을 줄이야. 다시 생각해도 충격적인 사실에 마르코는 아직도 어안이 벙벙하다.

〈G 선상의 아리아〉로 부드럽게 맞이한 하루가 생각보다 빡빡하게 마무리되었지만 마르코는 왠지 모르게 뿌듯한 마음이 든다. 아직 끝나지 않은 피타고라스의 음악 이야기가 마음 한구석을 무겁게 하지만 피해갈 수 없다면 즐겁게 마주해야겠다고 마음을 다잡아본다.

최고의
오르간 연주자
바흐

TICKET

in 아른슈타트

마르코와 바흐 선생님은 아침을 먹고 숙소를 나와 아이제나흐 기차역으로 향한다. 여유 있게 걸어도 10여 분이면 닿을 수 있는 거리. 그렇게나 가까운 곳에 기차역이 있었다. 성 게오르크 교회도, 바흐 하우스도, 기차역도 모두 옹기종기 모여 있는 이 작은 시골 도시에서 바흐라는 거장이 탄생했다니… 놀랍기도 하고 아쉽기도 한 마음에 마르코는 자꾸만 가던 길을 멈추고 뒤를 돌아본다.

다시 시작된 기차 여행. 언제 아쉬워했냐는 듯 설렘을 감추지 못하는

마르코를 바라보던 바흐 선생님은 피식 웃으며 마르코의 귀에 이어폰을
꽂아준다.

〈골드베르크 변주곡〉

B 어제도 기차를 탔으면서 또 그렇게 좋은 거냐?

M 저는 매일 타도 매번 좋을 거예요. 어딘가 새로운 장소로 간다는
   건 새롭고 신나는 일이잖아요.

B 여행을 참 좋아하는구나. 오늘은 기차 타고 가는 동안 음악을 들
   을 때 연주 영상도 함께 보거라. 귀로만 듣는 것하고는 많이 다를
   거야. 혹시 몰라 악보도 준비했으니 필요하면 참고하도록 해라.

M 알겠어요. 오늘 준비하신 곡이 뭔데요?

B 〈골드베르크 변주곡〉이란다. 1740년 즈음에 출판했던 《쳄발로
   연습곡집》에 같이 수록되었던 곡이지. 원래 내가 붙인 이름은
   〈다양한 변주의 아리아〉였는데, 어쩌다 보니 〈골드베르크 변주
   곡〉이란 이름으로 더 잘 알려지게 되었구나.

M 어! 저 그 곡 알아요. 판화가 에셔 선생님도 작품을 만드실 때 그
   음악을 듣는다고 하셨거든요. 25번 변주곡을 특히 좋아한다고
   하셨어요.

B 그래? 들어보기도 했니?

M 몇 번 들어봤죠. 에셔 선생님이 그러셨거든요. 바흐 선생님의 음
   악을 들으면서 공부하면 안 풀리던 수학 문제가 풀릴 거라구요.

B 허허허~ 그래? 그래서 안 풀리던 문제가 풀리던?

M (머리를 긁적이며) 그랬던 것도 같고 아닌 것도 같고…
그래도 확실히 집중은 잘 됐던 거 같아요. 음악이 길다 보니까
그 음악이 끝날 때까지는 일어나지 않고 자리에 앉아서 문제를
풀었거든요.

B 그 정도면 일단 내 음악에 입문은 되었다고 볼 수 있겠구나.

M 정말요?

B 그럼. 그런데 그거 아니? 사실 〈골드베르크 변주곡〉은 자장가였어.

M 자장가요? 그럼 제가 자장가를 들으면서 공부했던 거예요?

B 뭐 그런 셈이지. 그 곡은 불면증 때문에 고생했던 카이저링 백작
을 위해 만든 거였거든.

M 하… 잠 오라고 만든 곡을 들으면서 공부를 했다니…

B 그렇게 억울해할 필요는 없을 거 같은데? 나름 집중력이 좋아졌
다고 했잖니.

M 그렇긴 하죠. 어쨌든 〈골드베르크 변주곡〉으로 선생님 음악에
입문은 했으니까 나름 의미는 있네요. 그런데 왜 이름이 〈골드베
르크 변주곡〉이에요? 원래 이름은 그게 아니라고 하셨잖아요.

B 그 곡을 연주했던 사람 이름이 골드베르크였거든. 그 친구는 불
면증에 시달리는 카이저링 백작을 위해 밤마다 옆방에서 연주를
했다고 하는구나.

M 옆방이요? 하긴 같은 방에서 연주하면 소리가 너무 커서 잠드는
데 방해가 될 수도 있겠네요.

B 기왕이면 온화하면서도 밝은 곡으로 만들어달라고 그러셨어. 잠

못 이루는 밤들이 조금은 유쾌해지도록 말이야. 다행히 백작이 이 곡을 참 좋아했다고 하더구나. 아무리 들어도 지겹지 않으니까 계속해서 연주를 해달라고 골드베르크에게 부탁했다고 들었거든.

M 결국 당시에 이 곡을 연주하게 될 사람은 딱 한 사람! 골드베르크뿐이었고, 그런 이유로 원래 제목과 다르게 〈골드베르크 변주곡〉이라고 불린 거군요.

B 그래. 백작을 위해서도 골드베르크를 위해서도 참 열심히 작곡했단다. 하나의 주제를 30개의 변주로 만들어서 아름답게 짜 넣었으니까. 그런 내 정성을 아셨는지 백작님이 작곡료를 아주 후하게 쳐주셨지.

M 지금 선생님 곡의 가치를 생각한다면 아무리 많이 주셨어도 절대 과하지 않았을 거 같은데요?

B 녀석~ 기차가 출발하는데 너도 음악 감상을 시작해야 하지 않을까? 그 곡의 길이가 딱 기차를 타고 가는 시간만큼이거든.

M 그래요? 그럼 저는 〈골드베르크 변주곡〉과 함께 아른슈타트로 출발합니다.

오래된 듯 흐릿한 영상 속에서 검은 옷을 입은 연주자가 〈골드베르크 변주곡〉을 연주한다. 지그시 감은 두 눈, 음표를 따라 오르내리는 눈썹, 맛을 음미하듯 오물거리는 입술, 그리고 들릴 듯 말 듯한 흥얼거림. 구부정한 자세가 무색할 만큼 연주자의 움직임은 피아노 건반과 혼연일체가 된 듯 보이고, 건반을 어루만지듯 날아다니는 손가락은 놀랍도록 맑고 부드러운 음색을 만들어낸다. 넋을 잃고 음악을 감상하던 마르코. 기차가 아른슈타트에 도착한다는 안내 방송과 때를 맞추어 감상을 마무리한다.

글렌 굴드의 바흐 연주

B 연주가 어땠니?

M 50분이라는 시간이 5분처럼 빨리 지나갔어요. 정말 영상에서 눈을 떼지 못하겠던데요? 피아노 연주자가 영혼을 담아 연주하는 거 같았어요. 마치 주문을 외우는 것처럼 입술을 오물거리면서 흥얼거리는 것도 같았구요.

B 그 연주자의 특징 중 하나가 허밍이라더구나. 연주에서 부족한 부분을 허밍으로 채운다고 그러던걸.

M 연주하던 그분은 누구예요?

B 글렌 굴드(Glenn Gould)라는 피아니스트야. 연주 스타일이 좀 독특하고 재미있지? 성격도 약간 특이한지 사람들이 괴짜라고 하더구나.

M 맞아요. 좀 범상치 않아 보였어요.

B 내 음악을 무척 좋아했던 모양이야. 만약 사막에서 살아야 하는데 딱 한 사람의 음악만 가져가야 한다면 그건 분명 내 음악일 거라고 말했다는구나.

M 정말요? 선생님도 이분의 연주가 마음에 드시나 봐요.

B 내 곡을 잘 해석한 거 같아서 말이지. 이 곡은 원래 쳄발로(cembalo)를 위한 연주곡이거든. 그런데 피아노로도 이렇게 멋지게 연주할 수 있다는 걸 이 사람을 통해 알게 되었어.

M 쳄발로? 그게 뭐예요?

B 피아노가 나오기 전에 자주 사용되던 악기란다. 하프시코드 (harpsichord)라고도 부르지.

M 피아노랑 비슷하게 생겼나요?

B 건반이 2단으로 되어 있으니까 좀 다르게 생겼다고 해야겠지? 사실 쳄발로와 피아노는 소리를 내는 방식도 완전히 달라.

M 어떻게요?

B 피아노는 건반을 눌렀을 때 해머로 현을 두드려서 소리를 내거든. 그런데 쳄발로는 새의 깃촉 같은 도구로 현을 뜯어서 소리를 낸단다.

M 기타나 하프를 연주할 때처럼 현을 튕겨서 소리를 낸다는 말씀이시군요.

B 그래서 피아노와 달리 쳄발로는 소리의 강약을 조절하지 못해. 세게 눌러도 약하게 눌러도 비슷한 크기의 소리가 나거든.

M 생긴 게 비슷해도 소리를 내는 방식이 다르면 다른 악기인가 봐요.

B 그럼. 소리의 음색과 강약이 달라지니까. 같은 악보인데도 어떤 악기로 연주하느냐에 따라 전혀 다른 느낌이 날 수 있지.

M 〈골드베르크 변주곡〉을 쳄발로로 연주하면 어떤 느낌일까요?

B 쳄발로의 음색을 접할 기회가 곧 있을 테니 기다려봐라.

M 알겠어요. 그런데 궁금한 게 하나 더 있어요. 아까 글렌 굴드라는 연주자가 선생님 곡을 잘 해석했다고 그러셨잖아요. 음악을

해석한다는 게 무슨 말이에요? 제가 생각할 때는 악보에 보이는 대로 연주하면 될 거 같은데, 그걸 왜 해석해야 하죠?

B 쉬운 예를 들어보자. 혹시 어렸을 때 부모님이 동화책을 읽어준 적 있니?

M 그럼요. 자기 전에 제가 좋아하는 책을 읽어주시곤 했죠.

B 엄마나 아빠가 책을 읽어주던 방식을 떠올려봐라. 국어책을 읽듯이 같은 어조, 같은 속도로 읽으셨을까? 아니면 속도와 강약을 조절하고 동물 소리까지 내가며 읽으셨을까?

M 후자의 방식으로요. 동화책을 정말 실감나게 읽어주셨거든요.

B 그런 게 바로 해석의 차이란다. 동화책에 쓰여 있는 글씨를 그냥 읽을 수도 있지만 느낌을 한껏 살려 읽을 수도 있는 거니까.

M 아하! 악보도 속도와 강약을 조절하고 느낌을 풍부하게 살려 연주할 수 있다는 말씀이시죠?

B 바로 그렇지. 악보 해석의 차이가 어떤 건지 궁금하면 다른 사람이 연주한 〈골드베르크 변주곡〉을 한번 들어보거라. 아니, 다른 사람을 찾을 것도 없겠구나. 그냥 글렌 굴드가 연주한 다른 버전의 연주를 들어보는 것도 좋겠다. 그러면 같은 곡을 같은 사람이 연주했는데도 느낌이 다르다는 걸 알 수 있을 거야.

M 글렌 굴드의 연주가 또 있어요?

B 굴드가 내 〈골드베르크 변주곡〉을 두 번 녹음했거든. 1955년에 한 번, 1981년에 또 한 번.

M 같은 곡을 왜 두 번 녹음했을까요? 첫 번째가 마음에 안 들었나요?

〈골드베르크 변주곡〉을 녹음 중인 1955년의 글렌 굴드

B 그랬나 보다. 첫 번째 연주는 조금 빠른 템포로 진행되었거든. 그
에 비해 오늘 본 영상 속 연주는 이전보다 한결 여유롭게 연주되
었단다. 굴드는 원래 재녹음은 안 한다는 원칙이 있었다는구나.
그런데 내 곡 때문에 어쩔 수 없이 스스로의 원칙을 깨게 되었다
고 들었어.

M 그렇다면 1955년에 녹음한 연주를 찾아서 들어보면 되겠네요.

B 사실 내 악보를 보면 어떤 악기로 연주해야 하는지를 명시하지
않은 경우가 많거든. 그러니 어떤 악기를 선택해서 누가 어떻게
연주하느냐에 따라 수만 가지 연주가 가능해.

M 같은 악보인데도 악기와 연주하는 사람에 따라 다르게 연주되는
군요.

B 이제 슬슬 오늘의 목적지로 걸어가볼까?

기차에서 내린 마르코는 바흐 선생님을 따라 아른슈타트 시내를 향해 걷는다. 주변을 둘러보니 이곳 역시 아이제나흐처럼 그리 큰 도시는 아닌 것 같다.

뤼베크 음악 여행

M 지금 저희 어디로 가는 거예요?

B 어디 가긴. 내가 오르간 연주자로 일했던 교회로 가지. 그렇게 멀지 않단다. 한 10분 정도만 걸으면 되거든.

M 선생님과 함께하는 여행은 주로 걷는 여행이네요.

B 교통수단을 따로 이용할 만큼 멀지 않으니까. 지금도 그렇지만 내가 살던 때에도 아른슈타트는 작은 도시였어. 인구가 4,000명 정도였거든.

M 아이제나흐도 작았는데 여기는 그보다 더 작은 도시였군요.

B 그래도 튀링겐 지방에서 가장 오래된 도시 중 하나야. 우리 가문이 가장 활발히 활동한 곳이기도 하고.

M 바흐 가문의 주요 활동무대로 온 건가요?

B 고향 같은 곳이지. 나를 오르간 연주자로 인정해준 첫 직장이 있던 곳이고. 1703년부터 4년 정도 일하면서 참 많은 일을 겪었어.

M 어떤 일이 있었는데요?

아른슈타트 바흐 교회

바흐 교회에 설치된 오르간

B 궁금하냐? 저기 보이는 교회 안에 들어가서 천천히 얘기해주마.

M (박수를 치며) 여기가 선생님의 첫 직장이군요.

B 원래 이름은 '새로운 교회'라는 뜻의 노이에키르헤(Neue Kirche) 란다. 그런데 지금은 내 이름을 따서 바흐 교회로 부른다는구나.

M 교회 입장에서는 얼마나 큰 영광이겠어요. 대 바흐 선생님이 일했던 곳이라니… 충분히 이름을 바꿀 만합니다.
그런데 여기엔 어떻게 취직되신 거예요? 그 직전까지 바이마르에서 바이올린 연주자 겸 시종으로 일했다고 하셨잖아요.

B 이 교회에 새로운 오르간이 들어왔다는 소문을 들었거든. 그 오르간을 시연해줄 사람을 구한다길래 얼른 지원을 했지.

M 선생님 시범 연주를 들으면 다들 깜짝 놀랄 텐데요?

B 그랬던 것 같다. 내 연주를 듣자마자 바로 채용을 결정했으니까. 다른 후보자들의 연주는 들어보지도 않고 말이다.

M 더 들어볼 것도 없다! 이거잖아요.

B 계약 조건도 꽤 괜찮은 편이었어. 내 직책은 오르간 연주자 겸 합창단장이었거든. 소규모 합창단을 지도하면서 월요일과 수요일, 그리고 일요일에 2시간씩 오르간 연주만 하면 되었지.

M 시간적인 여유도 있고 좋은데요?

B 처음에는 이상적인 환경으로 보였어. 남는 시간에 작곡도 하고 가까운 친척들도 만나볼 수 있었으니까. 그런데 일을 하다 보니 문제점이 하나둘 보이더구나.

M 어떤 문제요?

B 내가 맡았던 합창단의 실력이 턱없이 부족했어. 내가 작곡한 음악들을 도대체가 소화해내질 못하더구나.

M 선생님이 곡을 너무 어렵게 쓰신 건 아니구요?

B 그런 면도 없진 않았지. 그래도 이건 아니다 싶었어. 그래서 강도 높은 훈련을 시작했단다. 음악 실력을 끌어올려야 할 것 같았거든.

M 강도 높은 훈련… 사람들이 힘들어했겠어요.

B 그랬었지. 그런데 불평이 크게 터져 나올 정도는 아니었어. 뤼베크(Lubeck)를 다녀오기 전까지는 말이야.

M 뤼베크요? 거긴 어디예요?

B 내가 성가대원으로 있었던 뤼네부르크의 성 미카엘 교회 기억하지? 그 도시에서부터 약 100킬로미터 정도 북쪽에 있는 곳이야.

M 설마 거길 또 걸어가신 건 아니겠죠? 뤼네부르크까지 350킬로미터 정도였으니까 뤼베크까지는 450킬로미터 정도 되잖아요.

B 당연히 걸어갔지.

아른슈타트의 옛 모습

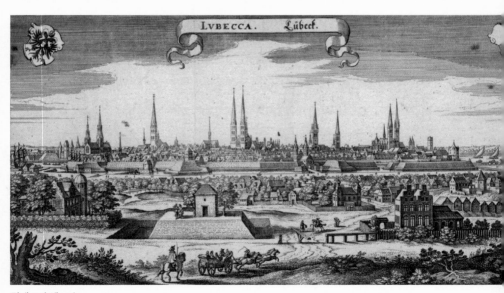

뤼베크의 옛 모습

M 네? 도대체 거길 왜 가신 거예요?

B 정말 꼭 들어야 할 연주회가 그곳에서 열렸거든. 북독일 최고의 음악가 북스테후데의 오르간 연주와 그분이 지휘하고 있는 저녁 음악회의 연주가 있었어.

M 세상에… 얼마나 유명한 분이시길래 그 먼 거리를 걸어서 보고 왔을까요?

B 북스테후데의 연주가 극적이고 화려하다는 소문을 이미 듣고 갔거든. 그런데 막상 가서 보니까 내가 상상했던 것 이상이더구나. 북스테후데의 지휘 아래 40여 명의 연주자들이 4단으로 서서 오케스트라 연주를 하는데 화음이 정말 환상적이었지.

M 완전히 반하신 모양이네요.

B 반하다마다. 뤼베크에 있는 내내 나는 황홀경에 빠져 지냈어. 원래는 휴가를 4주만 냈었거든. 그런데 어쩌다 보니 그만 네 달 동안이나 뤼베크에 머물고 있더구나.

M 휴가가 4주면 걸어가다가 이미 끝났을 거 같은데요? 그런데 얼른 올 생각은 안 하시고 네 달이나 머무시다니… 그러다 잘리시면 어떡해요.

B 참 신기하게도 뤼베크에 있는 동안에는 돌아가야겠다는 생각이 들지 않더구나. 사실 마음만 먹으면 북스테후데의 후임자가 되어 그곳에 머물 수도 있었거든.

M 그럼 너무 좋은 거 아니에요?

B 많은 사람들이 탐내는 자리였어. 당시에 북스테후데의 나이가 70이 넘었었거든. 그래서 후임자를 물색하고 있었지. 북스테후

데는 내가 마음에 들었는지 그 자리를 물려주고 싶어 했어.

M 그런 제안은 냉큼 받으셔야죠.

B 문제는 조건이었어. 그 자리를 이어받으려면 그분의 딸과 결혼을 해야 했거든.

M 그럼 더 좋죠. 직장도 얻고 결혼도 하고.

B 당시에 내 나이가 20살이었는데, 북스테후데의 딸은 나보다 10살이나 더 많았단다. 그리고 사실은…

M 사실 뭐요?

B 나에겐 이미 결혼을 약속한 사람이 있었어.

M 오~~~ 바흐 선생님. 보기보다 능력 있으시네요.

B 이 녀석! 하여간 뤼베크를 다녀온 후 내 음악에도 큰 변화가 생겼단다. 음악적 영감이 활활 타올랐거든.

M 엄청 멋진 음악이 탄생했겠는데요?

B 문제는 사람들이 내 음악을 이해하지 못했다는 거야. 교회도 내 음악을 비판하며 호되게 질책했지. 그동안 들어본 적이 없는 이상한 악장을 끼워 넣는 바람에 연주가 현란해지고 신도들이 혼란에 빠졌다면서 말이다. 엎친 데 덮친 격으로 그즈음 나에게 앙심을 품고 있던 가이어스바흐(Geyersbach)라는 바순 연주자가 야밤에 나를 공격하는 일까지 벌어졌어.

M 헉… 다치셨어요?

B 다행히 크게 다치진 않았단다.

M 정말 다행이네요. 그래서 어떻게 되셨어요?

B 직장을 옮겼지. 나는 더이상 그곳에서 일할 수 없다고 판단했거든.

M 처음에는 이상적인 환경이라고 하셨는데, 생각이 바뀌셨네요.

B 뤼베크에서 돌아온 이후에 상황이 급변했던 것 같구나. 교회 측에서 나를 못마땅하게 생각하다 못해 결국 징계까지 내렸으니까.

M 자리를 오래 비워서 그랬던 건가요? 멀리 유학을 다녀왔다고 생각해주면 좋을 텐데…

B 징계 이유는 그뿐만이 아니었어. 지휘자로서 단원과 싸웠다는 사실, 그리고 오르간이 있는 2층 성가대석에 여자를 앉혔다는 사실을 들춰가며 내린 징계였으니까.

M 엥? 성가대석에 여자는 못 앉아요?

B 당시에는 금지된 일이었거든.

M 금지된 곳인데도 데려가셨던 그분은 누구셨어요?

B 마리아 바르바라(Maria Barbara)라고 나와 결혼할 사람이었지.

M 아까 결혼을 약속했다던 그분이군요.

B 결국 나는 떠나기로 결정했단다. 마침 뮐하우젠(Mühlhausen)이라는 도시에 좋은 자리가 생겼거든. 가서 새로운 출발을 하고 싶었어. 마리아 바르바라와 결혼도 하고 내 소명에 걸맞게 열심히 일도 하면서 말이지.

M 그럼 내일은 뮐하우젠으로 가는 건가요?

B 당연하지.

M 설마 날마다 이렇게 짐을 쌌다 풀었다 하면서 이동을 하나요?

B 내가 그랬던 것처럼 너도 부지런히 도시를 옮겨 다녀야 하지 않겠니?

M 그건 그런데… 정말 예상치 못한 여행이네요. 매일 도시 간 이동

을 할 줄은 몰랐어요.

B 그럼 내일을 위해 숙소로 가보자꾸나. 어제 못다 한 이야기도 마저 해야 하니까.

M 아… 피타고라스 얘기요? 선생님이 까먹길 바랐는데 헛된 기대였군요.

숙소에 도착해 짐을 풀고 늦은 점심 식사를 마친 마르코는 방 안에 머물며 선생님의 눈치를 살핀다. 피타고라스에 대한 머리 아픈 대화를 어떻게든 피해보려는 심산인데 역시나 마음은 못내 불편하다. 결국 선생님에게 가고야 마는 마르코.

아테네 학당

B 언제 나오나 지켜보고 있었는데 생각보다 빨리 나왔구나.

M 빈틈이 없으신 선생님이 그냥 넘어갈 거 같지 않아서요.

B 그럼 어제 하던 얘기를 마저 해볼까?

M 네. 어제 피타고라스 음계와 순정률에 대해 말씀해주셨어요.

B 오늘은 다시 처음으로 돌아가서 피타고라스 음계의 비율이 왜 하필 1:2, 2:3, 3:4인지에 대해 얘기할 거란다.

M 그건 이미 끝난 얘기 아니에요? 망치 실험으로 알아낸 비라고 하셨잖아요.

B 생각해봐라. 한 옥타브 차이 나는 망치의 무게를 쟀을 때 정확히

1:2가 나올 수 있을까?

M 뭐… 약간의 오차는 있을 수 있겠지만 1:2에 가깝게 나오겠죠?

B 마찬가지로 완전 5도가 되는 두 망치의 무게를 쟀을 때 그 비가 정확히 2:3이었을까?

M 그것도 2:3에 가까운 무게이지 않았을까요?

B 2:3에 가까운 비는 많지 않니. 그런데 왜 하필 두 망치 무게의 비를 정확히 2:3으로 정했느냐 하는 거야.

M 듣고 보니 그러네요. 사실 2:3과 3:4도 숫자만 놓고 보면 별 차이가 없거든요. 두 비를 분수로 나타내서 계산해보면 각각 $\frac{2}{3}=0.6666\cdots$, $\frac{3}{4}=0.75$니까 차이가 0.1도 안 되거든요.

B 오늘 우리가 할 얘기가 바로 그거란다. 왜 하필 완전 4도와 완전 5도의 비율을 3:4와 2:3으로 정했을까에 대해서 말이다.

M 갑자기 저도 궁금해지네요. 그런데 그걸 어떻게 알아내요?

B 이 그림을 봐라.

라파엘로, 〈아테네 학당〉, 1510~1511

M 라파엘로가 그린 〈아테네 학당〉이네요. 고대 학자들을 몽땅 모아서 그린 상상화잖아요.

B 저 그림에서 혹시 아는 사람이 있니?

M 가운데 있는 두 철학자요. 손가락으로 하늘을 가리키는 사람은 이상주의자 플라톤, 바닥을 가리키고 있는 사람은 현실주의자 아리스토텔레스.

B 또 없을까?

M 여기 되게 유명한 수학자가 있다고 들었던 거 같은데…
어! 오른쪽 아래 컴퍼스로 뭔가를 그리고 있는 이분이 수학자겠네요.

B 네가 말한 그분은 유클리드(Euclid)란다.

M 수학계의 바이블 『원론』(Elements)을 쓰신 수학자가 바로 이분이군요.

피타고라스, 두꺼운 책에 무언가를 기록하고 있다

유클리드, 컴퍼스를 들고 있다

B 그래. 그런데 오늘의 주인공은 피타고라스잖니. 이 그림에서 피타고라스는 과연 어디에 있을까?

M 숨은 그림 찾기 같네요. 수학자처럼 생긴 분을 찾아야 하는데… 잘 모르겠어요.

B 왼쪽 아래에 뭔가를 열심히 쓰고 있는 사람 보이지? 바로 그분이 피타고라스란다.

M 그럼 저 책은 수학책이겠네요.

B 그렇겠지? 네가 봐야 할 것은 책이 아니라 그 아래 있는 흑판이란다.

테트락티스와 산술평균, 조화평균

M 흑판에 그려진 게 뭔데요?

B 테트락티스(Tetraktys)라는 그림이다. 음악의 원리를 담고 있지.

M 어제 본 판화에서도 그렇고 여기서도 그렇고 피타고라스는 계속해서 음악 이야기를 하고 있네요.

B 신기하지?

M 네. 저 흑판에 그려진 그림의 의미가 궁금해요.

B 그러려면 산술평균과 조화평균이 뭔지를

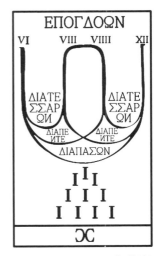

테트락티스

먼저 알아야 한단다.

M 평균에도 종류가 있나요? 저는 시험 점수 계산할 때 쓰는 평균만 아는데요.

B 시험점수의 평균은 어떻게 구하는데?

M 제 점수를 다 더한 다음에 전체 과목 수로 나눠요.

B 네가 말한 그 평균이 바로 산술평균이란다. 그런데 우리는 두 개의 수만 가지고 평균을 구할 거야. 그 두 수를 각각 a와 b라고 해보자. 그럼 산술평균은 이렇게 되겠지.

$$\frac{a+b}{2}$$

M 처음 들어보는 이름이라 어려운 줄 알았는데, 제가 아는 거였네요.

B 그럼 이번에는 조화평균 구하는 방법을 설명할 테니 잘 들어봐라. 조화평균을 구하려면 먼저 두 수를 역수로 만들어야 해. 그런 다음 두 역수의 산술평균을 구하지. 마지막으로 그 결과의 역수를 찾으면 그게 바로 조화평균이란다.

M 헉… 뭐가 그리 복잡해요? 구하는 방법이 별로 조화롭지 않은데요?

B 찬찬히 하면 조화로운 결과가 나오니까 한번 해봐라.

M 그럼 단계를 밟아가며 해볼게요.

먼저, 두 수 a와 b를 역수로 만들면 $\frac{1}{a}$과 $\frac{1}{b}$이 돼요.

그런 다음 두 역수의 산술평균을 구하면 $\dfrac{\frac{1}{a}+\frac{1}{b}}{2}=\dfrac{\frac{a+b}{ab}}{2}=\dfrac{a+b}{2ab}$가 되죠.

마지막으로 방금 구한 값의 역수를 취하면 이런 값이 나오네요.

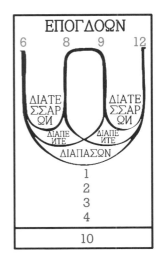

$$\frac{2ab}{a+b}$$

B 잘했다. 바로 그 값 $\frac{2ab}{a+b}$ 가 두 수 a와 b
의 조화평균이란다.

M 그런데 그 두 평균이랑 테트락티스랑 무
슨 관련이 있는 거예요?

B 평균과 테트락티스의 관계를 설명하려
면 그림 속에 있는 숫자들을 봐야겠지?
잘 보면 그림 속에 4개의 숫자가 있을 거다. 테트락티스의 '테트
라(tetra)'는 '숫자 4'를 뜻하거든.

M 맨 위에 로마 숫자 네 개가 있어요.

B 읽어보겠니?

M 6이랑 8, 9, 그리고 12예요.
어! 어제 봤던 판화 속 숫자랑 비슷한데요? 어제는 6, 8, 9, 12의
양 끝에 4와 16이 더 있었잖아요.

B 그럼 어제처럼 두 수를 짝지어 분수로 나타낼 수 있겠지?

M 분수로요? 맨 끝에 6과 12는 1:2이니까 $\frac{1}{2}$이 되겠네요.
6:8과 9:12는 똑같이 $\frac{3}{4}$이고, 한 칸 건너 있는 숫자끼리 짝지으
면 6:9와 8:12니까 둘 다 $\frac{2}{3}$가 돼요. 마지막으로 가운데 있는 두
수 8:9는 $\frac{8}{9}$이 되구요.

B 어제 배운 것처럼 $\frac{1}{2}$은 한 옥타브, $\frac{3}{4}$은 완전 4도, $\frac{2}{3}$는 완전 5도
의 비가 된단다. 숫자 아래로 둥글게 이어진 곡선이 바로 그 두
수의 관계를 나타내는 거야.

M 오~ 수 아래로 연결된 곡선이 그런 의미군요.

B 더 신기한 게 뭔지 아니? $\frac{1}{2}, \frac{3}{4}, \frac{2}{3}$ 는 모두 1, 2, 3, 4라는 네 개의 수만으로 되어 있다는 거야. 그 사실이 감격스러웠던지 피타고라스는 테트락티스 맨 아래에 그 네 개의 수를 따로 써놨단다.

M 어디요?

B 세로로 한 줄씩 Ⅰ, ⅠⅠ, ⅠⅠⅠ, ⅠⅠⅠⅠ 라고 적혀 있잖니.

M 아래 있는 표시도 모두 숫자였군요. 그러니까 음악에서 아름다운 화음들의 관계는 1, 2, 3, 4라는 가장 작은 자연수들로 표현이 가능하다는 거네요.

B 게다가 그 네 숫자의 합은 10이라고도 적어놨구나.

M 그건 또 어디 있어요?

B 맨 아래 써놨잖니. 로마 숫자로 10은 X인데, 그걸 부드럽게 쓰면 바로 저렇게 된단다. 만물의 근원을 '수'라고 생각한 피타고라스에게 10은 맨 처음 네 개의 자연수를 더해 얻을 수 있는 완벽한 수였거든.

M 피타고라스는 숫자에 의미 부여하는 걸 무척 좋아했나 보네요.

B 그런 걸 수비학(Numberology)이라고 하거든. 피타고라스에게 숫자 1은 모든 것의 시작을 상징하지. 모든 자연수는 1에서부터 생겨나니까.

M 그렇군요. 그런데 산술평균과 조화평균은 도대체 언제 나오나요?

B 성격이 급하구나. 이제 나올 테니까 잘 봐라. 피타고라스 음계에서 가장 기본이 되는 비율은 1:2, 2:3, 3:4라고 했지? 그중에서

도 2:3과 3:4는 산술평균과 조화평균으로 계산된 수란다.

M 정말요? 어떻게요?

B 일단 한 옥타브 차이가 나타내는 음을 1과 $\frac{1}{2}$로 놓고 시작하자. 충분히 간단하고 아름다운 비니까 기준으로 삼아도 되겠지? 그런 다음 1과 $\frac{1}{2}$의 산술평균과 조화평균을 구해보면 완전 4도와 완전 5도의 비가 구해질 거다. 네가 한번 해보겠니?

M 산술평균을 먼저 계산해볼게요. 산술평균은 두 수의 합을 2로 나눈 거니까 이렇게 되겠네요.

$$\frac{1+\frac{1}{2}}{2} = \frac{\frac{3}{2}}{2} = \frac{3}{4}$$

어! 정말 완전 4도에 해당하는 숫자 $\frac{3}{4}$이 나왔어요.

B 이번에는 1과 $\frac{1}{2}$의 조화평균을 구해봐라.

M 두 수를 역수로 만들면 각각 1과 2인데, 그것의 산술평균을 구하면 이렇게 돼요.

$$\frac{1+2}{2} = \frac{3}{2}$$

그러고 나서 결과의 역수를 구하면 되니까 조화평균은 $\frac{2}{3}$가 되네요.

정말 신기한데요? 말씀하신 것처럼 망치의 무게로는 정확한 비를 알아내기가 어려웠을 텐데 이렇게 수학으로 계산을 하니까 간단명료하게 비가 나와요.

B 이제 피타고라스가 1:2라는 비를 가지고 어떻게 2:3이나 3:4 같은 비율을 만들었는지 알 수 있겠지?

M 네. 결국 망치의 무게로 발견한 비는 1:2 하나였던 거네요. 나머지는 수학적인 계산을 통해 얻어진 거구요.

B 피타고라스 음계에서 '레'를 나타내는 $\frac{8}{9}$이라는 분수도 알고 보면 두 평균과 관계가 있단다.

M 테트락티스에서도 똑같이 $\frac{8}{9}$이 나오는데, 그 숫자가 $\frac{3}{4}$, $\frac{2}{3}$와도 관계가 있다구요?

B 그럼. 사칙 계산 중에 나눗셈 하나만 사용하면 $\frac{8}{9}$이란 수를 만들 수 있거든. 이렇게 말이다.

$$\frac{2}{3} \div \frac{3}{4} = \frac{2}{3} \times \frac{4}{3} = \frac{8}{9}$$

M 왠지 피타고라스 음계의 나머지 수들도 $\frac{3}{4}$과 $\frac{2}{3}$로 나타낼 수 있을 거 같은데요? 7음계를 수로 나타낼 때 $\frac{1}{2}$과 $\frac{2}{3}$를 반복적으로 사용했으니까요.

B 말 나온 김에 한번 해보겠니?

M 어이쿠~ 역시나 그냥 넘어가는 법이 없으시군요.

방금 '레'에 해당하는 숫자 $\frac{8}{9}$은 구했으니까 '미, 라, 시'만 계산하면 되겠네요.

음이름	도	레	미	파	솔	라	시	도
현의 길이	1	$\frac{8}{9}$	$\frac{64}{81}$	$\frac{3}{4}$	$\frac{2}{3}$	$\frac{16}{27}$	$\frac{128}{243}$	$\frac{1}{2}$

그러면 '미', '라', '시'는 각각 이렇게 계산할 수 있겠어요.

미 : $\frac{64}{81} = \left(\frac{8}{9}\right)^2 = \left(\frac{2}{3} \div \frac{3}{4}\right)^2 = \left(\frac{2}{3}\right)^2 \div \left(\frac{3}{4}\right)^2$

라 : $\dfrac{16}{27} = \dfrac{2^4}{3^3} = \left(\dfrac{2}{3}\right)^2 \times \dfrac{4}{3} = \left(\dfrac{2}{3}\right)^2 \div \dfrac{3}{4}$

시 : $\dfrac{128}{243} = \dfrac{2^7}{3^5} = \left(\dfrac{2}{3}\right)^3 \times \dfrac{16}{9} = \left(\dfrac{2}{3}\right)^3 \times \left(\dfrac{4}{3}\right)^2 = \left(\dfrac{2}{3}\right)^3 \div \left(\dfrac{3}{4}\right)^2$

B 계산을 아주 잘 하는구나.

M 헤헤~ 칭찬 들으니까 좋네요.

B 그럼 이제 다음 단계로 가도 되겠는데?

M 네? 끝난 게 아니에요?

B 이대로 끝나면 참 좋을 텐데 문제가 생겼단다.
　　피타고라스 음계에 치명적인 결함이 발견되었거든. 그것은 곧
　　순정률의 문제이기도 했어.

M 순정률 자체에 문제가 생긴 거라면 심각한 거 아닌가요?

B 심각하지. 그래서…

M 그 얘기는 내일 하신다는 말씀이시죠?

B 허허~ 녀석. 아무래도 그래야겠구나.

M 와~ 생각보다 강행군인 여행이네요. 저는 사실 음악 들으면서
　　슬렁슬렁 다니려고 왔거든요.

B 슬렁슬렁이라니! 세상에 어디 공짜가 있는 줄 아냐? 내가 괜히
　　너한테 비행기 티켓을 보내준 게 아니거든.

M 정말 그러네요. 일단 오늘 배운 내용 복습하면서 뭐가 문제일까
　　저도 한번 고민해볼게요.

　　마르코는 이른 아침에 짐을 싸고 음악을 들으며 이동하는 루틴이 퍽
마음에 든다. 음악에 얽힌 이야기와 바흐 선생님의 일화를 듣는 것도 아

주 재미있다. 그런데 숙소로 돌아와 나누는 이야기가 마르코의 마음을 영 무겁게 한다.

'지금 내가 바흐 선생님과 하는 대화는 음악 이야기일까? 수학 이야기 일까?'

마르코는 아무리 생각해도 영 헷갈리기만 한다.

삶과
음악의 난제들

TICKET

in 뮐하우젠

Brandenburg Concerto
No. 3 in G Major

J.S. Bach (BWV 1048)

© 2004 CCARH

또다시 시작된 기차 여행. 오늘 가는 뮐하우젠도 아른슈타트에서 기차로 한 시간이면 닿는다고 한다. 아이제나흐에서 시작해 아른슈타트를 거쳐 뮐하우젠으로 이동하는 오늘. 마르코는 문득 다람쥐가 쳇바퀴를 돌 듯이 독일의 튀링겐 지방을 뱅글뱅글 돌고 있다는 생각이 든다.

〈브란덴부르크 협주곡〉

M 선생님, 저희 혹시 이러다가 다른 나라도 가나요? 첫날부터 움직

인 장소를 보면 다 고만고만하게 가까이 있는 도시들이거든요. 이렇게 매일 힘들게 짐을 싸서 이동하는데 기왕이면 멀리 있는 다른 나라도 좀 다녀오면 좋잖아요.

B 다른 나라 어디를 가고 싶은데?

M 음… 이탈리아나 프랑스? 아니면 영국?

B 그럴 거면 내가 아니라 헨델(George Friedrich Handel)을 찾아갔어야지.

M 아이~ 그건 아니죠. 혹시 삐지셨어요?

B 삐지기는. 사실이 그렇다는 거야. 나는 평생 독일 밖을 벗어나본 적이 없거든. 그런데 헨델은 네가 말한 나라들을 돌아다니면서 음악 활동을 했단다. 그러다가 나중엔 아예 영국 사람으로 귀화를 했다고 들었거든.

M 헨델도 독일 사람 아니에요?

B 독일 사람 맞지. 할레(Halle)라는 도시에서 나와 같은 해에 태어났으니까.

M 같은 해에 태어났어요? 그럼 친구네요.

B 한 번도 만난 적이 없는데 친구라고 할 수 있을까?

M 아니, 같은 해에 같은 나라에서 태어나서 똑같이 음악 활동을 했는데 만난 적이 없어요?

B 그렇다니까. 나도 정말 만나고 싶었어. 그래서 두 번이나 만나려고 시도를 했었지. 그런데 번번이 어긋났지 뭐냐.

M 아… 제가 다 안타깝네요. 그리고 궁금하네요. 바흐와 헨델이라는 두 음악의 거장이 만났다면 과연 음악의 역사는 어떻게 달라

졌을까요?

그런데 선생님은 왜 독일에서만 활동하셨어요? 헨델처럼 여러 나라에서 활동하셨으면 훨씬 더 유명해지시고 돈도 더 많이 버셨을 텐데요.

B 나뿐만이 아니라 우리 가문의 다른 음악가들도 모두 독일을 떠나지 않았어. 자신이 사랑하는 음악을 하면서 가족들과 평화롭게 사는 것이 곧 행복 아니겠니? 내 조상들도 그랬지만 나 역시 그 이상을 바라지는 않았단다.

M 꿈이 지나치게 소박하셨네요. 선생님 정도의 능력과 든든한 가문이면 욕심을 내셨을 만도 한데요.

B 나는 돈이나 명예 같은 것에 큰 관심이 없었어. 그런 걸 가진 사람들이 부럽지도 않았고. 주어진 소명을 다하면서 사는 것만으로도 나는 충분히 만족스러웠단다.

M 참 아이러니하죠? 평생 명예를 좇지 않으셨는데 결국은 '음악의 아버지'라는 최고의 명예를 거머쥐신 거잖아요. 도대체 그 이유가 뭘까요?

B 그건 차차 알게 될 테니 일단 지금은 내가 준비한 음악을 들어보거라. 〈브란덴부르크 협주곡 3번〉인데 들으면 아마 기분이 좋아질 거다.

마르코는 창밖으로 펼쳐진 평화로운 풍경을 바라보며 선생님이 준비한 음악을 듣는다. 익숙한 듯한 선율은 경쾌하고 아름다웠다. 첫날 들었던 〈G 선상의 아리아〉, 둘째 날 들었던 〈골드베르크 변주곡〉과는 또 다른 분위기. 마르코는 색깔이 다른 이 모든 곡들을 정말로 한 사람이 만들어낸 것이 맞나 하는 의구심마저 든다.

M 〈브란덴부르크 협주곡 3번〉이 너무 좋아서 4번과 5번도 마저 들었어요. 그리고 어제 말씀하신 것처럼 귀로만 듣지 않고 영상도 함께 봤어요. 귀로만 들을 때와는 확실히 느낌이 많이 다른 거 같아요.

B 음악은 종합 예술이거든. 눈으로 보고 귀로 듣고 온몸으로 전율하며 느끼는 예술이야.

M 그래서 그런가, 제 마음이 막 요동치는 것 같았어요. 말로 표현할 수 없는 감동 같은 게 어딘가 깊숙한 곳에서 밀려오는 느낌도 들구요.

B 참 신기하지? 가사도 없고 뚜렷한 메시지도 없는데 듣는 사람들을 감동시킨다는 게 말이야.

M 그러게요. 음악은 정말 신비한 거 같아요.
　그런데 선생님, 영상을 보니까 어제 말씀하신 쳄발로가 뭔지 알 거 같아요. 피아노랑 비슷한데 2단으로 생긴 그 악기, 맞죠?

B 그래. 그게 바로 쳄발로란다. 쳄발로는 독일식 이름이고 영어식으로는 하프시코드라고 부르지.

M 소리를 유심히 들어보니까 피아노랑 확실히 다르더라구요. 피아노는 '딩동댕동' 하고 맑게 울리는 느낌인데 쳄발로에서는 '쳉쳉쳉~' 하면서 뜯는 소리가 들리는 거 같거든요.

B 어제 말했듯이 소리를 내는 방식이 달라서 그런 거란다.

M 그럼 지금의 피아노는 어떤 악기가 발전한 거예요?

B 클라비코드(clavichord)라는 타현악기가 피아노의 전신이란다. 건반을 누르면 현을 때리는 방식으로 소리를 내지.

M 비슷비슷해 보이는데 이름만큼이나 소리를 내는 방식도 소리도 다르네요. 아이구! 복잡해라~

B 이런 걸 굳이 기억할 필요는 없단다. 알면 좋겠지만 모른다고 해서 음악을 즐길 수 없는 건 아니니까.

어느새 기차가 뮐하우젠 역에 도착한다. 마르코는 깔끔하게 색칠된 노란 벽과 반듯한 지붕의 모양을 보면서 참 독일스러운 분위기라는 생각을 한다. 그렇게 역을 나서서 다시 걷는 마르코와 바흐 선생님.

M 또 걸어요?

B 여기서부터 1킬로미터 정도만 가면 되는데 굳이 뭘 탈 필요가 있을까? 혹시 다리 아프냐?

M 아뇨. 당연히 걸어야죠. 저도 걷는 거 좋아합니다.

B 지금 가는 곳은 뮐하우젠에서 내가 일했던 성 블라시우스 교회(Blasiuskirche)란다.

M 이 도시에는 얼마 동안이나 머무셨어요?

B 1707년부터 한 1년 정도 일을 하며 지냈단다.

M 엥? 겨우 1년이요? 아른슈타트에서보다 조건이 좋아서 오신 거 아니었어요?

B 새로운 출발을 하고 싶어서 왔지. 여기 있을 때 마리아와 결혼을

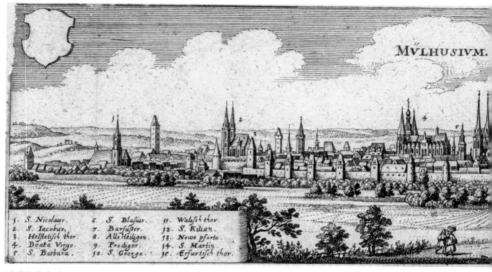

뮐하우젠의 옛 모습

했으니까 새 출발을 한 건 맞겠지? 이곳에서 일을 시작하며 좋았던 점은 아른슈타트에서와는 달리 역할의 권위가 있었다는 거야.

M 잘됐네요. 적어도 아른슈타트 교회에서처럼 징계를 주거나 하진 않을 거잖아요.

B 처음엔 아주 활기차게 일했지. 원래 계약서대로라면 교회 오르간 연주와 작곡 업무만 하면 되거든. 그런데 나는 교회의 모든 음악 활동을 책임졌어. 북스테후데와 다른 북독일 거장들의 칸타타를 전부 복사해서 교회에 있는 문서 보관실에 보관하기까지 했으니까. 그 전에 없었던 작곡 업무를 새롭게 맡게 된 점도 좋았단다. 내 작곡 능력을 인정받은 것 같았거든. 덕분에 더 활기찬 음악가의 삶을 살게 되었어.

M 열정적으로 일을 하셨으니 사람들이 좋아했겠어요.

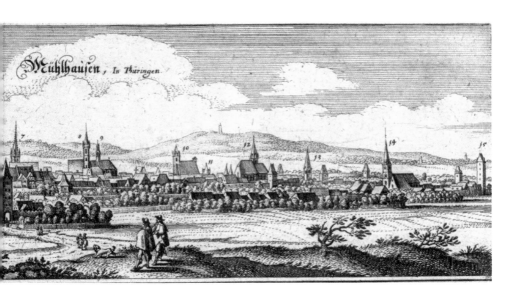

B 부임한 지 얼마 되지 않았는데도 사람들의 신뢰를 얻었지. 그때 나는 뮐하우젠으로 오길 정말 잘했다고 생각했단다. 음악의 샘물이 한껏 차오르는 것 같았거든. 작곡한 음악들을 이웃 마을 음악가들에게 보여주기까지 했으니까.

M 연주만 잘하는 게 아니라 작곡도 잘한다고 소문났겠어요.

B 이곳에서 나는 생애 처음으로 교회 칸타타들을 쓰기 시작했단다. 작곡가로서의 활동은 이곳 뮐하우젠에서 본격적으로 시작했다고 할 수 있지.

M 작곡하는 바흐 선생님 모습이 궁금한데요?

B 그래? 그럼 저기 보이는 성 블라시우스 교회에 들어가서 내가 어떻게 작곡을 했는지 보여주마.

성 블라시우스 교회

성 블라시우스 교회에 있는 오르간

마르코는 성 블라시우스의 외관을 바라보며 프랑스 파리에 있는 노트르담 대성당을 떠올린다. 여왕님이 왕관을 쓰고 있는 듯 곧고 우아한 모습. 이런 직장으로 매일 출근하는 기분은 과연 어떨까? 마르코는 출근하는 바흐 선생님의 기분을 상상하며 교회 안으로 들어간다.

춤추는 친필 악보

B 교회의 모습은 내가 근무할 때와 크게 달라지지 않았구나.

M 그때도 지금 같은 모습이었어요?

B 그럼. 내가 사용하던 오르간은 사라졌지만 그와 비슷한 것으로 다시 만들어놓기까지 했는걸.

M 선생님이 연주하시던 오르간은 없는 거예요?

B 오르간의 수명은 길어야 200년 정도거든. 그러니까 내가 연주하던 것이 현재까지 남아 있을 수는 없어.

M 안타깝네요. 선생님이 치시던 오르간을 보고 싶었는데. 직접 연주까지 해주시면 얼마나 감동적일까요?

B 그렇게 듣고 싶다면 이따가 한 곡 들려줘야겠구나.

M 정말요?

B 그럼. 어려운 일도 아닌데 까짓거 얼마든지 해줄 수 있지.

M 와~ 신난다. 그럼 아까 해주시려던 얘기를 먼저 해주세요. 작곡하시는 모습이 어땠을지 너무 궁금하거든요.

B 내가 직접 쓴 악보를 하나 보여줘야겠구나.

바흐의 자필 악보

M 와~ 너무 예쁘네요. 음표들이 춤을 춰요. 어제 보여주셨던 〈골드
베르크 변주곡〉 악보랑은 느낌이 달라요.

B 그건 출판하려고 그린 악보니까 아무래도 이것보다는 딱딱한 느
낌이지.

M 글씨도 완전 예술적이에요. 악보를 그리실 때 마음속에 흐르는
음악을 따라 손과 몸이 날아다녔을 거 같아요.

B 사실 작곡을 할 때의 내 모습이 어떤지는 나도 모른단다. 생각해
본 적이 없거든. 작곡을 시작하면 거기에 완전히 몰입을 하니까.

M 음악가가 주인공인 영화를 보면 한참 먼 산을 바라보다가 영감
이 떠오르면 그때부터 막 신들린 듯이 음표를 써 내려가던데, 선
생님도 그런 모습 아니었을까요?

B 영감? 언제 올지도 모르는 그 영감이라는 걸 마냥 기다리라구?

그러다간 작곡 일정을 맞추지 못할 게 뻔한데?

M 많이 바쁘셨어요?

B 그럼. 거의 하루에 한 곡의 칸타타를 써야 하는 날이 부지기수였
는걸. 그러니 사색을 즐기며 영감이 오기를 기다리는 영화 같은
장면은 기대할 수 없겠지.

M 하루에 한 곡씩 작곡하는 게 가능해요?

B 가능하지 않아도 가능하게 해야만 했지. 주말이 되면 예배를 보
러 오는 신도들에게 새로운 칸타타를 선보여야 했으니까.

M 불가능을 가능하게 하려면 특별한 작곡 비법이 있어야 할 거 같
은데요?

B 작곡 비법? 그런 게 있다면 작곡가들이 창작의 고통을 겪을 이유
가 없을 텐데?

M 아! 그러네요.

B 굳이 말하자면 한 가지가 있긴 했겠구나.

M 거봐요. 있었으면서 없는 척하시기는…

B 내 비법은 그저 묵묵히 앉아 열심히 오선지에 음표를 그려 넣는
것뿐이었어. 단지 그뿐이었지.

M 음표를 열심히 그려 넣는다고 해서 누구나 다 선생님처럼 멋진
음악을 만드는 건 아니잖아요.

B 첫날 내가 한 말을 벌써 잊은 거냐? 자신만의 길을 만드는 방법
은 오직 근면뿐이라고. 멋진 음악을 만들지 못하는 건 비법이 없
어서가 아니야. 노력이 부족해서지. 매일매일을 꾸준한 반복으
로 채운다면 보통의 재능과 능력을 가진 사람이라도 얼마든지

뛰어난 성취를 이룰 수 있거든.

M 도대체 노력을 얼마만큼 해야 하는 걸까요?

B 글쎄. 내 악보를 하나 더 보여줘야겠구나.

바흐의 자필 악보

M (흠씬 놀라며) 헉… 이 악보는 왜 이렇게 빡빡하게 그려졌죠? 음
표들이 여전히 춤을 추고는 있지만 뭔가 바쁘고 정신없어 보여
요. 이 악보를 아까처럼 여유 있게 그리면 분량이 세 배는 늘어
나겠어요.

B 잘 보면 오선보도 아주 반듯하진 않지?

M 약간 휘어진 곳이 있는 것 같아요. 설마 오선보를 선생님이 그리
신 거예요?

B 당연하지. 다섯 개의 펜촉이 달린 펜이 있거든. 그걸 '라스트럼
(rastrum)'이라고 하는데, 그 펜을 이용해서 오선보를 그린 거란다.

M 오선보가 그려진 종이를 사서 그리면 시간도 절약되고 좋잖아요.

B 그건 비싸거든. 내 머릿속에 떠오르는 곡들을 모두 써 내려가려면 엄청나게 많은 종이가 필요한데 그 많은 종이를 다 사서 그릴 수는 없어. 내가 종이를 아끼기 위해 얼마나 노력한 줄 아니? 작품 전체의 길이를 고려해 오선보를 그리고, 음표 사이의 간격도 최대한 줄여서 그렸지.

M 빽빽하게 그려진 저 음표만 봐도 알 수 있을 거 같아요.

B 문제는 내 라스트럼이 툭하면 휘어지거나 벌어졌다는 거야. 오선 사이의 간격이 일정해야 악보를 읽는 사람이 혼란스럽지 않은데 말이지.

M 라스트럼이 휘어질 정도로 많은 악보를 그리셨다니… 매일 엄청나게 바쁘셨다면서 언제 그 많은 작곡을 하셨대요?

B 일 마치고 집에 가서 하지. 퇴근하면 보통 늦은 밤이 되거든. 그때부터 시작을 한단다. 그러다 밤을 새우는 날도 많았어.

M 그렇게 과로하시면 큰일 나요.

B 네 말처럼 정말로 큰일이 나더구나. 내가 말년에 시력을 잃었거든. 이유가 뭐 있겠니? 내 몸을 너무 혹사시키며 일을 해서 그런 거겠지.

M 거봐요. 건강을 생각하면서 일을 하셔야지 그렇게 무리를 하시면 어떡해요.

B 어쩔 수 없었단다. 내가 얼른 작곡을 마쳐야 복사를 시작할 수 있잖니. 복사를 해야 단원들에게 나눠줄 수 있고, 그래야 연습이며 리허설을 할 수 있으니까. 그러니 서두르지 않을 수가 없었지.

M 지금처럼 복사기가 있는 것도 아닌데, 악보는 또 어떻게 복사해

요?

B 악보 복사를 도와주는 사람이 있었어. 충분한 인력은 아니었지만.

M 정말 너무 바쁘게 열심히 사신 거 같네요. 선생님 말씀을 들을 때마다 제 삶을 되돌아보고 반성하게 돼요.

B 그게 나의 일이고 기쁨의 원천이었으니까.

그럼 저 위로 올라가서 내 오르간 연주를 한번 들어볼 테냐?

M 우와~ 최고의 오르간 연주자가 저를 위해 연주를 해주시다니… 정말 영광입니다.

마르코는 오르간 연주를 위해 준비하는 바흐 선생님을 물끄러미 바라본다. 생김새만큼이나 연주 방법도 소리도 낯선 이 악기. 오르간 연주를 시작하자 웅장한 소리가 교회 내부를 가득 채운다. 그렇게 마르코는 바흐 선생님의 연주하는 〈G 선상의 아리아〉를 경건한 마음으로 감상한다.

오르간 연주자 바흐

M (박수를 치며) 굉장하네요. 소리에 압도되는 느낌이에요. 고요했던 교회 건물이 갑자기 살아나는 느낌이랄까요?

B 오르간은 그 자체로도 힘 있는 악기지. 그런데 교회라는 거대한 공간이 울림통 같은 역할을 하면서 오르간의 힘을 더 크게 증폭시켜주는 거란다.

M 교회와 오르간은 참 잘 어울리는 조합 같아요. 오르간의 웅장한 소리를 담을 수 있는 건물은 왠지 교회여야 할 것 같거든요.

B 오르간이 처음부터 이렇게 컸던 건 아니야. 중세 이후에 교회가 오르간을 받아들이면서 거대한 악기로 진화한 거지.

M 정말요?

B 그래. 교회 건물은 중세 고딕 건축 양식이 발전하면서부터 커지기 시작했거든. 그런데 교회가 커지면서 내부 공간을 어떻게 채워야 하는지에 대한 문제가 새롭게 제기됐어. 해법은 빛과 소리에 있었지.

M 소리를 담당한 악기가 바로 오르간이군요. 그럼 빛은요?

B 색색이 스테인드글라스를 창에 채워 넣었어. 그렇게 교회의 공간은 형형색색의 빛으로 가득 차게 된 거야.

M 그러고 보니 어느 교회를 가든 그 두 가지 요소는 빠지지 않고 있었던 거 같아요.

B 나중에는 교회끼리 경쟁을 하면서 오르간의 크기를 점점 더 크게 만드는 지경에 이르렀단다.

M 혹시 오르간이 커지면 연주가 더 어렵나요?

B 파이프가 커지니까 아무래도 바람을 넣는 사람이 힘이 들겠지.

M 바람을 사람이 넣어요?

B 지금은 모터를 이용해서 바람을 넣지만 우리 시대에는 사람이 직접 풀무질을 해서 바람을 넣었단다.

M 상상이 잘 안 되는데요?

B 오르간은 건반악기면서 동시에 관악기거든. 건반을 누르면 바람

파이프 오르간 작동법

이 파이프를 통과하며 소리를 내는 방식이니까. 건반을 누를 때 해당하는 파이프로 바람을 전달하려면 풍함이라는 나무 상자에 바람을 모아두어야 하는데, 그 바람을 모아두는 역할을 사람이 했던 거란다.

M 정말 오래전 작동법이네요.

그러는 동안 선생님은 연주대에 앉아서 연주를 하시는 거죠?

B 그렇지. 보통 오르간은 교회 뒤쪽의 발코니나 측면 위에 설치되 거든. 그래서 사람들에게는 연주자의 모습이 보이지 않아. 사람 들은 무척 장엄하고 경건한 분위기 속에서 음악을 즐기겠지만 연주하는 사람은 그렇지 않단다. 양손과 양발을 쉴 새 없이 움직 이면서 고군분투하는 중이니까.

오르간 건반과 스탑

M 마치 물 위에 우아하게 떠 있지만 정신없이 발을 움직이는 백조
처럼요?

B 허허허~ 그래, 맞다.

M 아까 보니까 연주하시기 전에 저 동그란 나무 막대를 넣었다 뺐
다 하시던데 저건 뭐예요?

B 스탑(stop)이라는 거다. 이걸 이용하면 소리의 높낮이나 음색을
바꿀 수 있지. 같은 건반을 누르지만 다른 옥타브 소리를 낼 수
도 있고, 현악기 소리를 냈다가 플루트 소리를 냈다가도 할 수
있어. 어떤 스탑을 어떻게 조합하느냐에 따라 연주의 느낌이 달
라지지.

M 되게 신기하네요. 오르간 하나만 있으면 다른 악기는 필요 없겠

어요.

B 그렇지. 예배음악에서도 거의 오르간만 연주되니까.

M 보니까 발로도 건반을 누르시던데요?

B 발 건반으로는 낮은음을 연주한단다. 연주를 편하게 하기 위해서 특별히 제작된 구두를 신기도 해. 신발의 굽 높이와 발 건반의 높이가 잘 맞아야 건반 사이를 부드럽게 오갈 수 있거든.

M 연주가 쉽지 않을 거 같아요.

B 그럼. 오르간 연주를 잘하려면 오르간이라는 악기에 대해서도 잘 알아야 하거든.

M 선생님은 오르간 연주자로 유명하셨잖아요. 그렇다면 악기에 대해서도 해박하셨다는 얘기겠죠?

B 오르간에 대해서는 모르는 게 없었지. 오르간에 문제가 있거나 잘 만들어졌는지 확인하고 싶을 때 사람들이 나를 자주 찾았어. 오르간을 완전히 분해해서 검사하다가 스탑 몇 개를 끼워 넣고 새로 만들었던 적도 있는걸. 오르간에 내가 원하는 소리가 없을 때는 스탑을 새로 구해달라고 요청하기까지 했었지.

M 오르간 전문가로 인정받을 만하네요. 듣고 나니 오르간은 한 가지 종류라고 말하기 어렵겠어요. 어떤 스탑을 넣고 빼느냐에 따라 구성이 달라지니까요.

B 그렇지. 만들 때나 연주할 때 어떤 표준이라는 게 없는 악기라고 할 수 있단다.

M 오르간이라는 악기를 이해하고 연주하는 게 쉽지 않아 보여요. 혹시 그래서 더 매력을 느끼셨던 걸까요?

B 그럴지도 모르겠구나. 에베레스트를 정복하고 싶은 산악인들과 비슷한 마음이지 않았을까 싶기도 하고.

M 하여간 학구파에 일중독이십니다.

B 그럼 너도 학구파의 대열에 동참하겠니?

M (깜짝 놀라며) 네?

B 숙소에 가서 음악 속 수학 이야기를 더 할까 하는데.

M (머리를 긁적이며) 아… 하하… 피해갈 수 없는 시간이 또 왔군요.

　숙소에서 잠시 휴식을 취한 마르코는 심호흡을 크게 하고 바흐 선생님에게 다가간다. 피아노 앞에 앉아 연주를 하고 있는 바흐 선생님은 오르간을 연주하실 때보다 훨씬 여유가 있어 보인다.

순정률의 한계, 피타고라스 콤마

M 저희 숙소에 피아노가 있네요?

B 일부러 피아노가 있는 숙소를 골랐단다. 오늘 할 얘기에서는 피아노 건반이 필요하거든.

M 정말 치밀하시군요.

B 자~ 내 옆에 앉아봐라. 그리고 어제 어디까지 얘기했는지 정리를 좀 해보자.

M 어제 피타고라스 음계가 어떻게 나오게 된 건지를 수학적으로 설명하셨어요. 완전 4도, 완전 5도의 비율이 완전 8도의 비율을

통해 나온 거라구요. 그걸 알아보려고 1과 $\frac{1}{2}$을 이용해서 산술평균과 조화평균을 계산했었어요.

B 잘 기억하고 있구나. 그렇게 음계들을 간단한 정수비로 나타낸 걸 순정률이라고 한다고 했지?

M 네. 피타고라스 음계 이후에 더 간단한 비율로도 나타냈다고 하셨어요.

B 그런데 그 순정률에 문제가 생겼거든.

M 맞아요. 그 문제를 오늘 얘기한다고 하셨어요.
그런데 웬만하면 그냥 사용해도 되지 않을까요? 엄청 힘들게 계산했는데…

B 웬만하지 않으니까 문제지.

M 도대체 뭐가 문제였는데요?

B 지금부터는 피아노 건반을 보면서 이해하는 게 좋겠구나.
피아노는 보통 88개의 건반으로 만들어져 있거든. 그렇게 만든 피아노에는 52개의 흰 건반과 36개의 검은 건반이 있고 7옥타브까지의 소리를 낼 수 있지.

M (피아노 건반을 세어보며) 정말 88개 맞네요. 그런데요?

B 가장 낮은 '도'의 현의 길이를 1이라고 놓고, 7옥타브 높은 '도'의 현의 길이를 계산해보면 심각한 문제가 발생하게 돼.

M 그럼 직접 계산을 해봐야겠네요.

일단 한 옥타브 올라갈 때마다 현의 길이가 절반으로 줄어든다고 했으니까 2옥타브 올라간 '도'의 현의 길이는 $\frac{1}{2} \times \frac{1}{2} = (\frac{1}{2})^2$이 되고, 3옥타브 올라가면 $\frac{1}{2} \times \frac{1}{2} \times \frac{1}{2} = (\frac{1}{2})^3$이 되잖아요. 그렇게 7옥타브까지 '도'를 올리면 현의 길이는 $(\frac{1}{2})^7$이 되네요.

B 문제는 7옥타브 높은 '도'를 계산할 수 있는 방법이 더 있다는 거야. 예를 들어, 낮은 '도'에서 시작해서 완전 5도씩 계속 올라간다고 생각해보자.

M 완전 5도씩요? 그렇게 올라가도 7옥타브 높은 '도'에 도착하나요?

B 그렇다니까. 한번 계산해봐라.

M '도'에서 시작해서 완전 5도를 올라가면 '솔'이 되고, 또다시 완전 5도를 올라가면 한 옥타브 높은 '레'가 되고, 또 그다음은 '라'가 되고 또 한 옥타브 올라가면 '미'가 되고…
도대체 몇 번을 올라가야 7옥타브 높은 '도'가 나오는 거예요?

B 12번을 올라가야 한단다. 인내심이 좀 필요하지. 그리고 조심해야 하는 부분이 있어. 완전 5도가 되려면 온음들 사이에 반음이 반드시 하나 끼워져 있어야 하거든. 반음이 없거나 두 개가 끼워져 있으면 안 된다는 말이야.

M 반음이요?

B 그래. 피아노에서는 바로 옆에 있는 두 건반 사이의 음을 반음이라고 한단다. 반음 두 개를 합치면 온음이 되지.

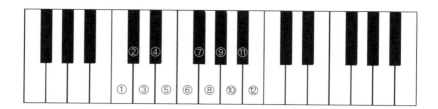

M 예를 들면, ①번과 ②번, ②번과 ③번, ③번과 ④번 같은 두 음이 반음이겠네요?

B ⑤번과 ⑥번같이 두 개의 흰 건반도 반음이 된단다. 검은 건반을 끼지 않고 바로 옆에 있으니까.

M 아~ 흰 건반, 검은 건반 상관없이 바로 옆에 있는 두 건반은 모두 반음 차이인 거네요.

B 그래, 맞다. 이해가 되었으면 이제 낮은 '도'에서 시작해서 완전 5도씩 12번을 올라가보겠니?

M (혼자 중얼거리며) 완전 5도에는 중간에 반음이 하나씩 있어야 한 단 말이지. 하나도 없거나 두 개면 안 되고…

어! 선생님. 중간에 반음이 두 개 있는 경우가 있어요. 그럴 때는 검은 건반으로 올라가야 하나요? 반음은 하나만 있어야 한다고 하셨잖아요.

B 그래. 시작 지점이 검은 건반으로 바뀔 때가 있을 거다.

M 제가 표시한 게 맞는지 한번 봐주세요.

B 아주 잘 했구나.

M 와~ 이런 방식으로도 7옥타브 높은 '도'에 도착하는 게 정말 가

능하군요. 그런데 이게 왜 문제예요?

B 완전 5도에 해당하는 비율이 2:3인 건 알고 있지? 현의 길이로는 $\frac{2}{3}$씩 줄어들고 말이다. 그렇다면 낮은 '도'의 길이를 1이라고 했을 때, 완전 5도씩 12번을 올라가면 현의 길이가 어떻게 될까?

M 계산을 해보면 되죠. 낮은 '도'에서 출발해서 완전 5도를 한 번 높이면 $\frac{2}{3}$, 두 번 높이면 $\frac{2}{3} \times \frac{2}{3} = \left(\frac{2}{3}\right)^2$, 세 번 높이면 $\frac{2}{3} \times \frac{2}{3} \times \frac{2}{3}$ $= \left(\frac{2}{3}\right)^3$이니까 12번을 높이면 $\left(\frac{2}{3}\right)^{12}$이 되잖아요.

B 그렇지? $\left(\frac{2}{3}\right)^{12}$ 맞지?

M 네. 방금 제가 계산했잖아요.

B 그런데 아까 한 옥타브씩 7번 올라간 결과와 비교를 해봐라. 다르지 않니?

M 어! 그러네요. 한 옥타브씩 7번 올라가는 방식으로 계산했을 때는 $\left(\frac{1}{2}\right)^7$이었는데, 완전 5도씩 12번 올라간 결과는 $\left(\frac{2}{3}\right)^{12}$이에요. 계산 방식이 달라서 결과가 달라진 건가요? 똑같이 낮은 '도'에서 출발해서 7옥타브 높은 '도'에 도착했으니까 계산 방식과 상관없이 결과는 같아야 하는 거 아니에요?

B 바로 그게 문제야. 출발과 도착 지점이 같으니 당연히 같은 결과가 나와야 하는데 $\left(\frac{1}{2}\right)^7$과 $\left(\frac{2}{3}\right)^{12}$처럼 다른 수가 나왔으니까. 다른 수가 나왔다는 건 음의 차이가 있다는 걸 의미하거든. 그 차이를 '피타고라스 콤마(Pythagoras Comma)'라고 부른단다. 그게 바로 피타고라스 음계가 부딪힌 한계인 거지.

M 잠깐만요. 저 두 수를 계산기로 계산해보고 싶어요. 차이가 어느 정도 되는지 궁금하거든요.

$$\left(\frac{1}{2}\right)^7 = 0.0078, \quad \left(\frac{2}{3}\right)^{12} = 0.0077$$

소수점 네 자리까지 계산했을 때의 차이가 겨우 0.0001 정도인데… 이 정도면 그냥 써도 되지 않아요?

B 그건 비율의 차이지 않니. 실제 현의 길이로 계산하면 무시할 수 없는 음의 차이가 생기게 된단다. 만약 네 말처럼 피타고라스 콤마를 무시하고 조율을 하게 되면 연주하는 동안 불협화음이 생길 수도 있어. 지금까지 완전 8도와 완전 5도를 기준으로 찾은 다른 음들도 모두 영향을 받게 되니까.

M 소리들이 미묘하게 달라지면서 어울리지 않는 소리가 날 수도 있다는 말씀이시군요.

B 문제가 하나 더 있단다.

M 또요?

B 순정률로 조율을 한 악기들은 조를 바꿀 때마다 조율을 다시 해야 하는 불편함을 피할 수가 없거든. 협화음의 비를 갖던 두 현의 길이가 조를 옮기게 되면 다른 비율을 갖게 되니까. 사실상 순정률로는 중간에 조를 바꿔서 연주하는 것이 불가능하다고 할 수 있단다.

M 아… 완벽해 보였던 피타고라스 음계에 이렇게 큰 결함이 있었군요.

B 만약 일정한 음역대에서 조를 바꾸지 않고 하나의 악기로만 연주한다면 문제될 게 없어. 그런데 사람들이 원하는 음악은 점점 더 화려하고 다양해지잖니. 여러 악기로 중간에 조를 바꿔가며

연주하기를 원하니까. 그러니 음악이 발전할수록 순정률이 지닌 문제는 점점 더 크게 부각될 수밖에 없겠지.

M 그럼 어떡해요?

B 방법을 찾아야지.

M 해답이 있긴 있어요?

B 답은 바로 무리수에 있단다.

M 무리수요? 아니 무슨 음악 문제를 해결하는 데 무리수가 나와요.

B 불협화음이나 조바꿈의 문제가 생기는 이유가 바로 유리수 때문이거든. 유리수 비율을 사용하는 순정률에서는 음 사이의 간격을 아무리 정교하게 조정한다 해도 비율이 달라지면서 생기는 문제들을 피해갈 수가 없어. 그러니 순정률이 가진 태생적 한계를 극복하기 위해서는 유리수가 아닌 수, 다시 말해 무리수를 사용해야만 하는 거야.

M (한숨을 내쉬며) 저는 지금 선생님이 무슨 말씀을 하시는지 전혀 모르겠어요.

B 허허허~ 음악 얘기를 하는데 자꾸만 수학이 끼어드는 것 같아서 당황스럽지? 네 분위기를 보아하니 오늘 무리수 얘기까지 하면 큰일 날 것 같구나.

M 맞아요. 무리수 얘기는 내일 하셔야 해요. 저에게도 생각을 정리할 시간을 주셔야죠.

B 알았다. 그럼 오늘은 음악에서 수학이 자꾸만 나오는 이유가 뭔지에 대해서만 이야기하고 마무리 짓자.

M 좋아요.

수학과 음악 사이

B 미적분의 발명자 중 한 명으로 유명한 독일의 수학자이자 물리학자, 철학자인 라이프니츠(Gottfried Wilhelm von Leibniz)가 이런 말을 한 적이 있어.

> "음악은 정신이 무의식적으로 계산하는 산술활동이다."

M 음… 결국 음악이 수학적인 활동이라는 거네요.

B 놀랍지 않니? 라이프니츠는 음악의 본질을 수학이라고 본 거야.

M 다르게 생각하는 사람도 있지 않을까요? 음악의 본질을 수학이라고 하면 화내는 사람들이 많을 거 같은데요.

B 지금 네가 화를 내고 있는 거 같은데?

M 아니거든요!

B 피타고라스에 대해서도 이미 얘기했잖니. 무려 기원전 500년경부터 음악은 수학적으로 발견되고 해석되어온 거라고 말이다. 중세에도 음악은 조화학이라는 이름으로 다뤄졌어. 논리학, 기하학, 천문학과 함께 반드시 배워야 하는 교양 과목으로 말이다.

M 논리학, 기하학, 천문학과 같이 묶였다고 해서 반드시 같은 성격은 아니잖아요.

B 그 주장을 했던 중세의 신학자 아우구스티누스(Aurelius Augustinus)의 말도 한번 들어보겠니?

"음악은 정확한 측정의 과학이다."

음악을 이루는 리듬이나 멜로디, 화성은 모두 수학에 근간을 두고 있으니 아주 틀린 말은 아니겠지.

M 음악을 수학이라고 생각하는 사람이 생각보다 많네요. 그것도 아주 오래전부터요.

B 심지어 아우구스티누스는 이런 말까지 했는걸.

"이성적인 이해 없이 음악을 듣는 것은
짐승이 음악을 듣는 것과 다르지 않다."

M 하하하~ 그럼 저는 지금까지 짐승같이 음악을 들었던 거군요. 음악을 이성적으로 생각하며 들은 적은 단 한 번도 없었으니까요.

B 표현이 좀 과격하긴 하다만, 실제로 알고 들었을 때 감동이 더해지는 음악들도 있단다.

M (손뼉을 치며) 제가 음악회에 초대된 이유를 이제야 정확히 알겠어요.
   음악에서는 수학을 빼놓고 얘기할 수 없으니까 너도 와서 한번 들어봐라, 그리고 도대체 어디에 수학이 있는지를 찾아봐라. 뭐 그런 의도인 거죠?

B 그렇단다. 너에 대한 정보를 찾아보니까 건축가, 미술가, 소설가를 만나서 수학 이야기를 이미 다 하고 왔더구나. 그러니 나에게도 한 번쯤 다녀가야 하지 않겠니? 물론 좀 늦은 감이 없지는 않

지만 말이다.

M 늦어서 죄송합니다. 바흐 선생님.

B 왔으니 됐다. 이제부터는 좀 쉬자. 내일 또 길을 떠나야 하니까.

M 내일은 어디로 가나요?

B 바이마르(Weimar)로 간단다.

M 바이마르요? 알겠어요. 미리 정보를 찾아놔야겠네요.

바흐 페스티벌에 초대된 이유를 정확히 알게 된 오늘. 마르코는 음악과 수학이 그토록 가까운 사이라는 게 놀랍기만 하다. 그리고 음악의 많은 것들이 수학으로 설명될 수만 있다면 즐거이 도전해볼 만하겠다고 생각한다. 지금 마르코의 옆에는 다른 누구도 아닌 음악의 아버지 바흐 선생님이 있으니까. 오늘처럼 천천히 실타래를 풀어가듯 배워간다면 언젠간 음악의 본질을 조금은 엿볼 수 있지 않을까? 든든한 선생님 덕분에 마르코는 음악에 대한 두려움에서 약간은 벗어난 것 같다.

천상의 성에서
울려 퍼지는 선율

TICKET

in 바이마르

Suite I

J.S. Bach (BWV 1007)

'바이마르… 바이마르…'

'이 도시에 대해 분명 말씀하셨던 거 같은데 언제였더라··'

마르코는 기차 좌석에 앉아 골똘히 생각을 모으며 기억을 더듬는다. 그러다 무릎을 탁! 치고 눈을 반짝이며 바흐 선생님에게 얼굴을 들이민다.

〈무반주 첼로 모음곡〉

M 저! 생각났어요.

B 뭐가 말이냐?

M 바이마르가 어떤 도시인지요.

B 어제 조사를 한다더니 뭘 좀 알아낸 거냐?

M 아니요. 그게 아니라, 바이마르라는 도시 이름을 전에도 언급하신 적이 있었거든요. 그게 언제였나 생각해보니 아른슈타트에서 정식 취업을 하기 전에 잠깐 일하신 곳이었어요. 바이올린 연주자 겸 시종으로요.

B 그랬었지. 그게 왜?

M 다시 오신 거잖아요. 이번엔 좀 달라졌겠죠?

B 그럼. 그때는 나이도 어린 데다가 경력도 없었던 때니까. 그 후로 5년이란 시간이 흘렀고 오르간 연주자로 제법 이름이 알려졌으니 당연히 조건도 좋아졌지.

M 어떤 조건으로 오신 거예요?

B 하는 일은 오르간 연주 겸 실내음악 작곡이었단다. 보수는 뮐하우젠의 2배 정도 되었던 것 같구나.

M 오~ 급여도 오르고 좋네요.

B 말하기 뭐하지만 뮐하우젠에서는 경제적으로 많이 어려웠단다. 꼭 필요한 생필품만 사서 생활하는데도 궁핍하기 짝이 없었거든. 집세도 제때 못 내고 살았을 정도로 말이다.

M 정말요?

B 게다가 종교적으로 생각이 다른 종파 사이에 분쟁이 일어나면서 도시 분위기가 아주 뒤숭숭해졌지. 내 입장 역시 애매해졌고.

M 뮐하우젠을 1년 만에 떠나신 이유가 여럿 있었군요.

바이마르의 옛 모습

B 그래. 바이마르는 나에게 참 특별한 도시야. 1708년에 와서 10년 가까이 일을 한 곳이거든. 이곳에서 내 아이들도 참 많이 태어났었어.

M 벌써부터 기대가 되는데요?

B 안타깝게도 내가 일했던 바이마르 궁전은 화재로 불타버렸단다. 그 후로 여러 번 재건했다고는 하는데 내가 좋아했던 예배당의 오르간은 볼 수가 없더구나.

M 아… 아쉽네요.

B 그래도 한 번은 돌아보고 가야겠지?

M 당연하죠. 선생님의 흔적이 어딘가에는 있을 테니까요.

B 오늘은 기차로 2시간 정도를 가야 하니까 준비한 음악을 들으면서 여유 있게 가자꾸나.

묵직하고 부드러운 첼로 선율이 오선보를 따라 춤추듯 흘러 다닌다. 외로운 듯 당당하게 홀로 목소리를 높이는 첼로. 지금껏 몰랐던 첼로의 색다른 매력을 한껏 느끼게 하는 곡이라고 마르코는 생각한다.

파블로 카잘스, 바흐를 재발견하다

M 첼로 독주곡이네요. 첼로는 늘 다른 악기들과 함께 연주되는 줄 알았는데, 혼자서도 멋진 연주가 가능하군요.

B 보통은 오케스트라에서 저음부를 담당하기 때문에 첼로의 고운 음색이 가려질 때가 많아.

M 그래서 주인공으로 만드셨군요. 혼자서 당당하게 빛나 보라구요.

B 좀 과감한 시도였지. 그전까지는 첼로가 독주 악기로 연주된 적이 없었거든.

M 최초의 시도였군요. 역시 도전을 두려워하지 않는 바흐 선생님이십니다. 그런데 듣다 보니 어딘가 모르게 익숙하더라구요.

B 그래?

M 〈이상한 나라의 수학자〉라는 영화에서 나왔던 곡이더라구요. 탈북한 수학자가 주인공인 영화인데, 주인공이 이 곡을 좋아했어요. 그런데 이 곡 제목이 뭐예요?

B 〈여섯 개의 무반주 첼로 모음곡〉이란다. 네가 들은 건 첫 번째 모음집에 있는 프렐류드(prelude)였고. 그런데 참…

M 왜요?

B (한숨을 쉬며) 이 곡이 세상의 빛을 보기까지 그렇게 오랜 세월이 걸릴 줄은 정말 몰랐구나.

M 오래 걸려요?

B 첼로 모음곡 악보가 140년이나 잊혀진 채 묻혀 있었거든. 파블로 카잘스(Pablo Casals)라는 첼리스트가 발견하지 못했다면 아마 영영 사라졌을지도 몰라.

M 정말요? 어떻게 발견되었는데요?

B 스페인 바르셀로나의 어느 오래된 악보서점에서 우연히 발견했다고 하더구나. 악보를 손에 넣었을 당시 카잘스의 나이는 겨우 열세 살이었는데, 그날 이후 매일 연습을 하며 내 악보를 연구했다고 들었어. 무려 10년도 넘는 긴 세월 동안 말이야.

M 아니, 무슨 악보를 10년 넘게 연구해요?

B 내가 작곡한 곡을 연주하는 게 그렇게 쉽지만은 않았을 거야. 나는 이 모음곡을 통해 첼로가 갖고 있는 모든 색깔을 펼쳐서 보여주고 싶었거든.

M 또 욕심을 내셨군요. 그러니 연주하는 사람은 얼마나 어려웠을까요.

B 10년 넘게 연구해서 사람들 앞에 선보인 이 첼로 연주곡을 카잘스는 60세가 넘어서야 비로소 녹음을 했다고 했어. 하나의 곡을 완성도 있게 연주하는 데 그만큼 오랜 시간이 걸렸다는 거겠지.

M 고정관념을 깨고 첼로를 독주 악기로 만든 선생님도, 그 곡을 10년 넘게 연구하고 연습했던 카잘스도 정말 대단하네요.

B 연주자에게 도전이 될 정도의 난이도와 기교가 있어야 듣는 사람 역시 즐거운 거 아니겠니? 평범한 악보에서 풍부하고 다채로운 음악적 재미가 나올 수는 없는 거니까.

M 맞는 말씀이에요. 그런데 선생님, 궁금한 게 있어요. 선생님 악보들을 보면 오른쪽 위에 항상 'BWV'라는 글자와 숫자가 쓰여 있던데, 그게 뭐예요?

B 내가 만든 건 아니고 내 음악을 찾아 정리하던 볼프강 슈미더(Wolfgang Schmieder)라는 음악 학자가 1950년에 붙인 내 작품 번호란다. BWV는 '바흐 작품 목록'이란 뜻의 독일어 'Bach Werke Verzeichnis'의 약자거든.

M 음악 목록 순서는 어떻게 정한 거예요?

B 장르별로 분류를 했더구나. 만든 지 200년도 더 된 내 곡을 시간 순서대로 정리하는 건 쉬운 일이 아니거든. 칸타타를 시작으로 1번부터 번호를 매겼고, 지금은 1100번이 좀 넘은 것 같던데?

M 작품을 1,000개도 더 만드신 거예요?

B 1,000개가 뭐냐. 그보다 훨씬 많았는걸. 다 어디로 갔는지… 이젠 찾기도 쉽지 않은 모양이더구나.

M 하긴 카잘스 같은 음악가들이 아주 우연히 악보를 발견하는 상황이잖아요. 그러니 또 어디서 어떤 악보가 발견될지 누가 알겠어요?

B 멘델스존이 내 〈마태수난곡〉 악보를 정육점에서 발견했다는 이

20세기 첼로의 거장, 파블로 카잘스

야기도 떠돌던데. 고기를 포장하려던 종이가 내 악보였다던 소
문은 좀 과장된 거 같지?

M 설마 선생님 악보가 그렇게까지 버려지듯 사용되었을까요.

B 내 생각엔 그럴 수도 있을 것 같구나.

M 악보를 쓸 때마다 묶어서 책으로 출판했으면 좋았을 텐데… 그
럼 선생님 악보들이 지금까지 잘 보존되어 있을 거 아니에요.

B 그때는 출판 산업이 지금처럼 활발하지 않았어. 나 역시 출판에
신경 쓸 만큼 여유롭지도 않았고. 닥쳐오는 작곡 일정을 소화해
내기에도 급급했으니까.
내가 출판을 시작한 건 40세가 넘어서였지. 세상에 알려도 괜찮
겠다 싶은 곡들만 추려서 말이다.

M 그냥 다 출판하셨어도 괜찮았을 텐데, 스스로에게 너무 엄격하
셨던 거 아니에요?

B 나는 늘 내 작품을 다듬고 수정했어. 연주를 하다 보면 수정하고
싶은 부분들이 계속 생기거든. 수정을 반복하다 보면 악보가 더
아름답게 돼. 그렇게 정제되고 아름다워진 악보를 다시 수정하
면 정말 고결한 작품이 되지. 그렇게 나는 최고의 음악을 만들기
위해 노력했단다.

M 선생님 같은 분을 완벽주의자라고 하거든요. 그러니 출판을 하
겠다고 마음먹은 악보는 얼마나 더없이 완벽했을까요?

B 궁금하면 기다리렴. 그 음악을 내일 아침에 준비할 테니.

M 정말요? 제목이 뭔데요?

B 지금 말해줘도 잊어버릴 텐데? 그냥 내일 아침에 알려주마.

M 저 안 까먹을 자신 있는데… 그래도 기다릴게요.

어느덧 기차가 바이마르 역에 도착한다. 낮은 건물들 사이로 널찍하게 뻗은 길들이 시원스러운 느낌을 주는 도시다.

악보로 이어지는 대화

M 여기도 한적한 도시네요. 선생님은 참 유명해지기 어려운 시골 동네만 찾아다니신 거 같아요.

B 예전엔 5,000명 정도가 살았었는데, 지금은 인구가 6만 명 정도나 된다는구나. 그 정도면 제법 큰 거 아니냐?

M 서울의 인구가 대략 1000만 명 정도거든요. 그러니 6만 명이면 그렇게 큰 도시는 아니랍니다.

B 그런가? 그래도 다른 곳에 비해 그나마 이름이 좀 익숙하지 않니? 여기는 그 유명한 괴테(Johann Wolfgang von Goethe)의 고장이거든.

M 소설가 괴테요? 악마에게 영혼을 팔아 무한한 지식을 얻었다는 『파우스트』의 저자 말이죠?

B 그래. 이 동네에서는 아마 나보다 괴테가 더 유명할 거다.

M 두 분의 분야는 완전 다르니까 비교는 하지 말죠!
음악에서는 선생님이 단연 최고 아니십니까.

B 녀석~ 바이마르 궁전까지 가려면 2킬로미터 정도 걸어야 하는

데 괜찮겠니? 가면서 나에게 아주 큰 영향을 준 음악가에 대해 얘기해주마.

M 좋아요. 그런데 선생님도 누군가의 영향을 받으셨어요?

B 안토니오 비발디(Antonio Lucio Vivaldi). 이탈리아에서 활동한 작곡가지.

M 아하! 저도 알아요. 〈사계〉를 작곡한 음악가잖아요. 그런데 독일을 한 번도 벗어난 적이 없다던 분이 비발디는 언제 만나신 거예요? 비발디가 독일에 왔었어요?

B 꼭 직접 만나야 하는 건 아니지. 나에겐 악보만 있으면 충분하니까. 좋은 악보를 따라 적어보는 것만으로도 큰 공부가 되거든.

M 아… 악보. 악보만으로도 공부가 되는군요. 그런데 비발디 악보는 어떻게 구하셨어요? 그 시대엔 악보 구하기도 어렵다고 하셨잖아요.

B 바이마르 공의 이복동생인 요한 에른스트(Johann Ernst von Sachen-Weimar) 왕자가 유럽으로 그랜드투어를 다녀오면서 사왔단다. 귀족들이 여러 달에 걸쳐 유럽 일대를 돌고 문화적 소양을 쌓고 오는 것이 필수코스로 여겨지던 때였거든.

M 평민들은 꿈도 못 꿀 일인데, 귀족과 부자들은 그때도 해외여행이라는 걸 했었군요. 그런데 왜 하필 비발디였을까요? 다른 유명한 음악가들도 많은데 말이죠.

B 당시에 음악의 최신 유행을 선도하는 나라는 이탈리아였어. 여러 이탈리아 음악가 중에서도 비발디는 특히나 탁월한 작품들을 많이 만들었지. 〈사계〉라는 바이올린 협주곡을 너도 들어봐서

알겠지만 리듬이 정말 살아 있는 것 같지 않던?

M 맞아요. 새들이 지저귀는 소리, 천둥 번개가 치고 폭풍우가 몰아
치는 소리가 바이올린 연주만으로 만들어진다는 게 너무 신기했
어요.

B 비발디의 바이올린 협주곡 악보를 연구하면서 나는 응용이라는
걸 해보고 싶었단다. 같은 기법을 다른 악기에 적용하면 어떨까
궁금했거든.

M 창조적 변형을 해보고 싶으셨던 거군요.

B 그렇지. 비발디의 바이올린 기법을 오르간이나 쳄발로 곡에도
적용해봤거든. 그런데 정말 놀랍게도 잘 맞아떨어지더구나.

M 같은 악보를 다른 악기에 적용하는 게 언제나 가능한가요?

B 그건 아니야. 적합하지 않은 부분이 있을 수 있거든. 그럴 땐 악
상의 전개 방법이나 악상 간의 상호관계를 생각하면서 고치면
돼. 그런 과정을 반복하다 보면 배우게 되는 것들이 정말 많단다.

M 비발디 악보를 독학하며 성장하셨군요.

B 이탈리아 음악을 공부한 후 내 작품에도 변화가 있었던 것 같구
나. 첫날 들려줬던 〈이탈리아 협주곡〉을 떠올려봐라. 다른 곡들
에 비해 좀 더 부드럽고 활기차지 않았니?

M 음… 뭔가 즐겁고 경쾌한 분위기였던 것 같아요. 어제 아침에 들
었던 〈브란덴부르크 협주곡〉도 그랬어요. 선생님 말씀처럼 들으
면서 기분이 좋아졌었거든요. 혹시 그 곡도 비발디 음악의 영향
을 받았던 건가요?

B 〈브란덴부르크 협주곡〉을 쓴 시기도 비발디 음악을 연구한 후였

바이마르 궁전, 1730년경

슈타트슐로스 바이마르(Stadtschloss Weimar)의 현재 모습

지. 그러니 밝은 느낌이 한결 더할 수도 있겠구나.

M 참 놀랍네요. 음악의 아버지라는 대가도 한때는 누군가의 악보를 따라 적으며 공부를 했었던 거잖아요.

B 누구나 그러지 않겠니? 태어나면서부터 어른인 아이는 없듯이 큰 업적을 이룬 누군가도 남들이 힘겹게 만들어놓은 길을 따라가면서 성장하고 발전한 것일 테니까.

M 맞는 말씀입니다.

지금은 슈타트슐로스(Stadtschloss)라고 불리는 옛 바이마르 성으로 들어서며 마르코는 바흐 선생님의 표정을 살핀다. 어떤 생각을 하시는 걸까. 마르코는 선생님의 미묘한 표정을 읽어내지 못한다.

천상의 성

B 정말 많이 변했구나. 1774년에 화재가 난 후로 계속해서 보수를 하고 있다고 들었거든. 내가 일했던 궁정 예배당도 불에 타버렸다는구나.

M 추억이 많은 곳이었을 텐데 안타깝네요. 그래도 천천히 걷다 보면 그때의 느낌이나 기억이 떠오르지 않을까요?

B 여러 일화가 기억나는구나. 하긴 어떻게 잊을 수가 있겠니?

M 저랑 걸으면서 그 얘기 해주시면 안 돼요?

B 그럴까? 여기 오면 꼭 다시 연주해보고 싶은 오르간이 있었단다.

바이마르 궁정 예배당

내가 평생 연주했던 오르간이 50대쯤 되거든. 그중에 가장 좋아했던 오르간이 바로 이곳에 있었어.

M 정말요? 어떤 오르간이었는데요?

B 궁정 예배당에서 내가 연주하던 오르간이야. 당시에 내 주요 임무는 궁정에 딸려 있던 작은 예배당에서 왕족과 귀족들을 위해 연주하는 거였거든. 그 예배당을 사람들은 '천상의 성'이라고 불렀단다.

M 천상의 성… 이름부터 뭔가 신비롭네요.

B 그곳의 오르간은 보통의 교회 오르간들보다 훨씬 높은 곳에 위치해 있었어. 천장에 닿을 듯한 높이에 말이야. 그러니 상상해봐라. 오르간도, 연주하는 사람도 보이지 않는데 저 멀리 높은 곳에서 장엄한 음악 소리가 울려 퍼지면 어떨 거 같니?

M 하늘에서 내려오는 음성처럼 들렸을 거 같아요. 마치 신이 말씀하시는 것처럼 느껴졌을 수도 있겠네요. 예배의 순간이 얼마나 성스러웠을까요?

B 그 작은 예배당에 '천상의 성'이란 이름을 붙인 이유가 아마 그런 분위기 때문이었을 거다. 그런 훌륭한 오르간을 연주할 수 있는 환경 덕분에 나 역시 바이마르에서 많은 오르간곡을 쓸 수 있었단다.

M 훌륭한 악기가 선생님에게 영감을 줬군요.

B 빌헬름 공작의 아낌없는 지원도 한몫했지. 빌헬름 공작은 내가 다른 도시나 궁정에 가서 연주하는 것도 흔쾌히 허락해주었거든.

M 허락을 해야만 다른 곳에 가서 연주할 수 있는 거예요?

B 당연하지. 당시에 음악가라는 직업은 지금처럼 자유롭지 못했거든. 왕이나 귀족, 교회에 고용되어서 월급을 받는 처지였으니까. 그들의 허락 없이는 어느 곳도 자유롭게 갈 수 없었단다.

M 세상에… 예술가들이 자유롭게 활동을 할 수 없었다니… 그럼 자기가 만들고 싶은 음악이 있어도 못 만드는 거예요?

B 계약서에 쓰여진 조건대로 곡을 만들고 연주해야만 했으니까.

M 예술적 자유라는 게 아예 없었군요. 정말 답답하셨겠어요. 그나마 빌헬름 공작께서 출장을 허락해주셨으니 얼마나 다행이에요.

B 덕분에 내 실력을 여러 곳에 뽐내면서 명성을 높일 수 있었지.

M 몸값이 껑충 뛰었겠는데요?

B 몸값은 모르겠고 재미있는 경험을 몇 번 했단다.

M 어떤 경험이요?

B 프랑스에서 온 루이 마르샹(Louis Marchand)이라는 오르간 연주자와 대결을 하게 됐거든.

M 일인자들끼리 실력 타툼인가요? 그런 거라면 보나마나 선생님이 이기셨을 텐데요.

B 그렇게 속단하면 안 돼. 마르샹이라는 친구도 프랑스 왕궁에 소속되어 있던, 실력파 연주자였거든. 그런데 실력과는 별개로 태도가 좀 거만했던 모양이야. 여러 사람이 그 부분을 불편하게 생각했던 걸 보면.

M 거만한 코를 납작하게 해주려고 연주 대결을 만든 거 아닐까요?

B 그랬던 건가? 여하튼 나는 요청을 받아들였고 대결을 하러 드레스덴(Dresden)으로 갔어. 그리고 마르샹에게 정중히 제안을 했

지. 나에게 어떤 주제를 제시해도 즉흥적으로 연주를 할 테니 당신도 그렇게 해주면 좋겠다고 말이야.

M 크~ 이 넘치는 자신감. 그래서 어떻게 됐어요?

B 마르샹도 그렇게 하겠다고 했지. 연주 시간과 장소도 정했고. 그런데…

M 그런데요?

B 그 친구가 약속된 시간에 나타나지를 않는 거야.
기다려도 계속 안 나타나길래 결국 사람을 보냈거든. 그랬더니 글쎄… 새벽에 마차를 타고 드레스덴을 떠났다고 하더구나.

M 도망을 간 거예요?

B 사람들이 모두 놀랐지. 나 역시 그랬고.

M 그럼 대결은 못 하게 됐네요. 당연히 선생님의 승리구요.

B 썩 기분 좋은 승리는 아니었지. 대결이 무산되었으니까. 그렇다고 연주를 안 할 수는 없겠지? 그 대결을 보겠다고 온 사람들도 있고 나도 준비한 게 있었으니까.

M 결국 선생님의 독주회가 되었군요.

B 기왕 하는 거 또 멋지게 실력을 발휘해봤지.

M 또 사람 여럿 쓰러졌겠네요.

B 다들 감탄하더구나. 원래 계획했던 대결을 못 해서 아쉽긴 했지만 나름 실력을 뽐내고 왔으니 괜찮다고 스스로 위로했어.

M 세상에 이렇게 훌륭한 오르간 연주자를 고용하고 있는 빌헬름 공작은 어깨에 얼마나 힘이 들어갔을까요?

바흐, 감옥에 갇히다

B 공작에게는 미안했지만 그즈음 나는 바이마르를 떠날 계획이었 단다.

M 왜요? 선생님에게 그렇게 잘해주시고 조건도 좋은데요.

B 여러 이유가 있었어. 그중 하나는 두 통치자 사이의 불화였지.

M 바이마르를 통치하는 사람이 두 명이었어요?

B 그래. 나를 고용했던 빌헬름 에른스트 공작과 그의 조카 에른스 트 아우구스트 공작의 사이가 좋지 않았거든. 처음에는 두 분 모 두 나에게 호의적이어서 큰 문제가 없었어. 그런데 사이가 점점 나빠지면서 내 입장이 난처해졌단다.

M '고래 싸움에 새우 등 터진다'는 속담이 있거든요. 보니까 선생님 이 딱 새우의 입장이 되셨네요.

B 잘 지내고 싶은데 어느 한 사람의 편을 들 수도 없고, 두 사람 모 두를 맞출 수도 없고… 참 난감하더구나.

M 이유가 여러 개라고 하셨잖아요. 다른 이유는 뭐예요?

B 어정쩡한 내 지위가 문제였어. 궁정의 악장을 카펠마이스터 (Kapellmeister)라고 하거든. 그런데 내가 바이마르에 가기 전부터 그 자리에는 이미 드레제(Johann Samuel Drese)라는 사람이 앉아 있었어. 나는 그저 실내 오르간 연주자로 채용이 되었던 거야.

M 조건이 좋다고 하셨잖아요.

B 보수는 좋았지. 그런데 내 어정쩡한 위치가 썩 마음에 들지 않더 구나. 실력을 제대로 인정받지 못하는 것 같아서 말이야. 그래서

중간에 할레라는 도시의 교회 연주자로 갈까 했었단다. 여러 이유로 결국 가지는 못했어. 그런데 그 할레 사건 이후에 빌헬름 공작이 내 직책을 콘체르트마이스터(Konzertmeister)로 바꿔주더구나.

M 콘체르트마이스터는 또 뭐예요? 승진하신 거예요?

B 승진이라기보다 조건을 조금 더 좋게 바꿔준 것뿐이야. 원래 그런 자리는 없었거든.

M 없는 자리까지 급조해서 만든 걸 보니 선생님을 놓치고 싶지 않았던 모양이네요.

B 그래서 나도 기다렸어. 드레제가 세상을 떠나면 그 자리에 나를 임명할 거라 생각했거든. 그런데 카펠마이스터 자리를 드레제의 아들에게 물려주는 것을 보고 희망을 버렸지. 나는 떠나야겠다는 마음을 굳혔단다.

M 어디로요?

B 때마침 쾨텐(Köthen) 공국에서 나에게 카펠마이스터 자리를 제안했거든.

M 때를 기다렸다는 듯이 좋은 제안이 들어왔군요.

B 문제는 공작이 나를 보내주지 않으려 했다는 거야.

M 그럼 어떡해요? 안 보내주면 못 가는 거잖아요.

B 이번에는 나도 강하게 얘기했어. 꼭 가야겠다고 말이야. 그때 나는 내 가족들을 이미 쾨텐으로 보내놓은 상태였거든.

M 큰일이네요. 안 보내주면 가족들과 생이별을 해야 하는 상황이잖아요.

B 사퇴 결정에 화가 난 공작은 나를 감옥에 가둬두기까지 했단다. 내가 굴복하길 바라면서 말이야.

M 감옥이라니…

B 그런데 나 역시 그렇게 쉽게 굽힐 사람이 아니거든. 감옥에 있으면서 그동안 썼던 음악집들을 찬찬히 수정하면서 온화하게 버텼지.

M 정말 대단하시네요. 그래서 어떻게 됐어요?

B 4주 정도 지나니까 석방시켜주더구나. 가둬도 아무 소용이 없다는 걸 공작도 깨달은 거야.

M 그럼 쾨텐으로 갈 수 있게 된 건가요?

B 그래. 쾨텐에서 새로운 시작을 할 수 있게 되었단다.

M 어휴~ 다행이네요.

B 녀석~ 걱정은…

M 이곳 바이마르에서도 정말 다양한 일이 있었네요.

B 지나고 보니 다 추억이 되는구나. 그럼 이제 숙소를 찾아가볼까?

M 그럴까요?

매일 짐을 싸고 푸는 데 요령이 생긴 마르코는 꼭 필요한 물건만 꺼내 사용한다. 어차피 내일 또 어딘가로 떠날 테니 짐을 풀 때부터 쌀 준비를 해두려는 요량이다.

평균율과 12차 방정식

M 저는 내일 떠날 준비를 벌써 다 마쳤습니다.

B 지금 막 도착했는데 떠날 준비를 다 했다구? 너도 참…

M 저도 선생님 못지않게 준비성이 철저하다는 말씀을 드리는 거예요.

B 그래, 잘했다. 그래도 오늘 할 일은 마무리해야지?

M 오늘은 어떤 얘기로 마무리 짓는데요? 보나마나 또 수학 얘기겠죠?

B 그래. 어제 순정률의 문제를 해결하려면 무리수가 필요하다고 했잖니.

M 아! 맞다. 저같이 음악을 그냥 듣는 사람은 짐승이라고도 하셨어요.

B 뒤끝이 은근히 길구나. 그 얘기는 내가 한 말이 아니니까 넘어가도록 하고, 본격적으로 순정률의 문제를 해결해보자. 순정률의 문제가 뭐였는지 기억나니?

M 순정률에서는 유리수를 사용하기 때문에 조를 바꿀 때 조율을 다시 해야 한다고 하셨어요. 안 그러면 불협화음이 생길 수 있으니까요.

B 잘 기억하고 있구나.

M 또, 낮은 '도'에서 시작해서 7옥타브 높은 '도'까지 올라갔을 때 한 옥타브씩 7번 올라가는 계산과 완전 5도로 12번 올라가는 계산의 결과가 다른 것도 직접 확인해봤어요.

B 두 결과의 차이를 '피타고라스 콤마'라고 했던 것도 기억하지?

그 문제를 해결하기 위한 열쇠 역시 비율에 있단다.

M 순정률에서도 비율을 사용했잖아요. 유리수 비율이요.

B 이제부터 순정률에서와는 다른 비율을 사용할 거야. 반음 사이의 간격을 균등한 비율로 나눠야 하거든. 그럴 때 등장하는 것이 바로 무리수야.

M 드디어 나오는군요. 무리수.

B 한 옥타브 안에는 반음이 12개 있거든. 지금부터 우리는 그 12개의 반음을 모두 똑같은 간격으로 나누는 일을 할 거야.

M 현의 길이를 똑같이 12등분 하면 되는 건가요?

B '균등하게 나눈다'가 '12로 똑같이 나눈다'는 뜻만 있는 게 아니란다. 여기서의 '균등'은 '기하학적인 균등'을 의미하거든.

M 기하학적인 균등은 또 뭐예요?

B 그 의미를 이해하려면 먼저 기하평균에 대한 얘기를 해야 할 것 같구나.

지난번에 알려줬던 산술평균을 기억하고 있지?

M 그럼요. 제가 시험성적을 계산하는 방법이 산술평균이라고 하셨잖아요.

두 수 a, b의 산술평균은 $\dfrac{a+b}{2}$였어요.

B 방금 말한 산술평균은 차이가 일정한 수들의 관계를 설명할 때 쓰이는 거란다. 예를 들어, 두 수 a와 b 사이에 어떤 수 c를 끼워 넣는다고 하자. 이때 a와 c의 차이를 c와 b의 차이와 같게 하면, 어떤 수 c는 두 수 a, b의 산술평균이 되는 거야.

M 아~ 복잡해. 잠깐만요.

a와 c의 차이가 c와 b의 차이와 같으면 이렇게 되겠네요.

$$a-c=c-b \;\;\rightarrow\;\; 2c=a+b \;\;\rightarrow\;\; c=\frac{a+b}{2}$$

B 봐라. a와 b 사이에 끼어 있는 값 c가 아까 네가 말한 산술평균과 같지?

M 오~ 그러네요.

B 이번에는 비율이 일정한 세 수 사이의 관계를 생각해보자. 마찬가지로 세 수를 차례로 a, c, b라고 놓고 계산하는 게 좋겠구나.

M 비율이 일정하다는 소리는 뺄셈이 아니라 나눗셈으로 계산하라는 말이겠네요.

B 그렇지. 한번 해보겠니?

M a와 c 사이의 비율이 c와 b 사이의 비율과 같으면 되니까 이렇게 돼요.

$$a \div c = c \div b \;\;\rightarrow\;\; \frac{a}{c}=\frac{c}{b} \;\;\rightarrow\;\; c^2=ab$$

B $c^2=ab$일 때, c의 값은 어떻게 될까?

M 이차방정식이네요. 제곱해서 ab가 되는 값은 $\pm\sqrt{ab}$로 두 개가 있잖아요. 그런데 우리는 현의 길이를 계산하는 중이니까 음수는 버려야 하죠. 그럼 $c=\sqrt{ab}$가 되겠네요.

B 방금 네가 구한 그 값이 두 수 a, b의 기하평균이란다.
세 수 $a, \sqrt{ab}, b$는 앞의 수와 뒤의 수의 비율이 동일하거든.

M 그런데 기하평균은 왜 말씀하신 거예요?

B 아까 그랬잖니. 12개의 반음을 균등하게 나눈다는 의미가 기하

학적인 균등을 의미한다고 말이다. 그러니까 결국 12개의 반음을 쭉 늘어놓고 앞뒤 음의 비율을 기하평균이 되도록 배치하면 되는 거란다.

M 그걸 어떻게 해요?

B 먼저 기준이 되는 낮은 '도'의 현의 길이 1과 한 옥타브 높은 '도'의 현의 길이 $\frac{1}{2}$을 표에 적어보자. 피아노에도 음을 번호로 표시해두는 게 좋겠구나.

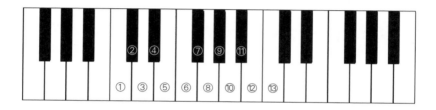

M 낮은 '도'를 ①번으로 하고 반음마다 순서대로 번호를 써볼게요. 그럼 한 옥타브 높은 '도'는 ⑬번이 돼요.

B 그러면 나머지 음에 해당하는 현의 길이를 어떻게 표시할 수 있을까?

M 1과 $\frac{1}{2}$ 사이에 있는 11개의 칸을 앞뒤 숫자의 비율이 일정하도록 채우면 되죠. 그 말은 ①÷②의 값이 ②÷③, ③÷④의 값과 언제나 같아야 한다는 거구요. 그런데 우리는 그 값이 뭔지 아직 모르니까 일단 x라고 놓을게요. 그럼 ①÷②＝1÷②＝x니까 ②번에는 $\frac{1}{x}$이 들어가겠네요.

음	①	②	③	④	⑤	⑥	⑦	⑧	⑨	⑩	⑪	⑫	⑬
현의 길이	1	$\frac{1}{x}$	?	?	?	?	?	?	?	?	?	?	$\frac{1}{2}$

B 그렇다면 나머지 칸들도 모두 미지수 x를 사용해서 나타낼 수 있겠지?

M ①÷②=x인데, ②÷③이나 ③÷④도 모두 똑같이 x가 되어야 하니까 ③번 칸에는 ②번 칸에 $\frac{1}{x}$을 곱한 $\frac{1}{x^2}$이 들어가고, ④번 칸에는 $\frac{1}{x^3}$이 들어가요. 그런 식으로 하면 나머지 칸을 모두 채울 수 있겠는데요?

12음	①	②	③	④	⑤	⑥	⑦	⑧	⑨	⑩	⑪	⑫	⑬
현의 길이	1	$\frac{1}{x}$	$\frac{1}{x^2}$	$\frac{1}{x^3}$	$\frac{1}{x^4}$	$\frac{1}{x^5}$	$\frac{1}{x^6}$	$\frac{1}{x^7}$	$\frac{1}{x^8}$	$\frac{1}{x^9}$	$\frac{1}{x^{10}}$	$\frac{1}{x^{11}}$	$\frac{1}{x^{12}}=\frac{1}{2}$

B 맨 마지막 칸을 잘 보렴. $\frac{1}{x^{12}}=\frac{1}{2}$이라고 쓰여 있지? 이제 그 방정식만 풀면 x값이 나오겠구나.

M $\frac{1}{x^{12}}=\frac{1}{2}$이면 $x^{12}=2$라는 거잖아요.
이건 12차 방정식인데, 제가 어떻게 풀어요?

B 아까 보니까 이차방정식은 잘 풀던데? 12차 방정식도 마찬가지 방법으로 풀면 된단다.

M 어떻게요?

B 먼저 $x^2=2$를 풀어보자.

M $x^2=2$는 쉽죠. $x=\pm\sqrt{2}$인데 음수는 버려야 하니까 $x=\sqrt{2}$가 되잖아요.

B 네가 구한 답 $\sqrt{2}$에서 혹시 생략된 숫자가 보이니?

M 생략된 수가 있어요?

B 이차방정식 $x^2 = 2$의 풀이 과정을 지수법칙을 적용해 조금 더 자세히 쓰면 이렇게 되거든.

$$x^2 = 2 \ \rightarrow \ (x^2)^{\frac{1}{2}} = (2)^{\frac{1}{2}} \ \rightarrow \ x = 2^{\frac{1}{2}} = \sqrt[2]{2^1} = \sqrt{2}$$

M 그러니까 2의 지수인 $\frac{1}{2}$이 루트로 변하는 거군요. 그때 $\frac{1}{2}$의 분모 2는 루트 기호의 왼쪽 위에 쓰이고, 분자 1은 거듭제곱으로 쓰였어요. 그런데 $\sqrt[2]{2} = \sqrt{2}$에서 왼쪽의 위 숫자 2는 왜 생략하죠?

B 자주 구하는 제곱근이라서 그렇단다. $2^1 = 2$에서도 지수 1은 생략하잖니. $\sqrt[2]{2} = \sqrt{2}$도 마찬가지야. 자주 쓰는 숫자를 매번 쓰려면 귀찮으니까 편의상 생략하는 거야.

M 자주 사용되지 않는 제곱근의 숫자들은 생략하면 안 되겠네요?

B 당연하지. 예를 들어 $x^3 = 2$의 실수해는 $x = \sqrt[3]{2}$라고 쓰거든. 루트 기호 앞에 숫자 3은 생략할 수 없어.

M 잠깐만요. 저 아까 선생님이 하셨던 계산처럼 한 번만 해보고 갈게요.

$$x^3 = 2 \ \rightarrow \ (x^3)^{\frac{1}{3}} = (2)^{\frac{1}{3}} \ \rightarrow \ x = 2^{\frac{1}{3}} = \sqrt[3]{2^1} = \sqrt[3]{2}$$

B 잘했구나. 혹시 $x^3 = 4$도 계산할 수 있을까?

M 해볼게요.

$$x^3 = 4 \ \rightarrow \ x^3 = 2^2 \ \rightarrow \ (x^3)^{\frac{1}{3}} = (2^2)^{\frac{1}{3}} \ \rightarrow \ x = 2^{\frac{2}{3}} = \sqrt[3]{2^2}$$

B 아주 잘 했구나. 이제 원래 하려던 $x^{12}=2$ 계산도 할 수 있겠는데?

M 한번 도전해볼게요.

$$x^{12}=2 \;\rightarrow\; (x^{12})^{\frac{1}{12}}=2^{\frac{1}{12}} \;\rightarrow\; x=\sqrt[12]{2}$$

B (박수를 치며) 역시 마르코구나.

M 선생님이 가르쳐주신 대로 천천히 따라하니까 되네요.

B 그럼 나머지 칸도 모두 채워볼까?

M 네. 계속해볼게요.

   $x=\sqrt[12]{2}$ 였으니까 $x^2=(\sqrt[12]{2})^2=\sqrt[12]{2^2}$ 이고, 마찬가지 방법으로 계산하면 $x^3=(\sqrt[12]{2})^3=\sqrt[12]{2^3}$, $x^4=(\sqrt[12]{2})^4=\sqrt[12]{2^4}$, $\cdots$ $x^{12}=(\sqrt[12]{2})^{12}=\sqrt[12]{2^{12}}=2$ 처럼 돼요. 그러니까 각 칸에 저 수들의 역수를 넣으면 표가 완성되겠어요.

12음	①	②	③	④	⑤	⑥	⑦
현의 길이	1	$\dfrac{1}{\sqrt[12]{2}}$	$\dfrac{1}{\sqrt[12]{2^2}}$	$\dfrac{1}{\sqrt[12]{2^3}}$	$\dfrac{1}{\sqrt[12]{2^4}}$	$\dfrac{1}{\sqrt[12]{2^5}}$	$\dfrac{1}{\sqrt[12]{2^6}}$

12음	⑧	⑨	⑩	⑪	⑫	⑬	
현의 길이	$\dfrac{1}{\sqrt[12]{2^7}}$	$\dfrac{1}{\sqrt[12]{2^8}}$	$\dfrac{1}{\sqrt[12]{2^9}}$	$\dfrac{1}{\sqrt[12]{2^{10}}}$	$\dfrac{1}{\sqrt[12]{2^{11}}}$	$\dfrac{1}{\sqrt[12]{2^{12}}}=\dfrac{1}{2}$	

바흐가 '음악의 아버지'인 이유

B 지금 저 표에 있는 숫자처럼 반음 사이의 비율을 일정하게 조율하는 방법을 평균율(equal temperament)이라고 한단다.

M 그럼 이제 순정률은 안 써요?

B 그렇지는 않아. 순정률을 사용하는 음악가들이 여전히 있긴 하거든. 조옮김이 필요 없는 음악을 연주하거나 평균율 이전의 음악을 원래대로 연주하고 싶을 때 순정률을 사용한단다.

M 그래도 순정률의 문제점이 크게 부각된 이상 평균율을 사용하는 사람이 많아지지 않을까요?

B 당연하지. 평균율로 조율하면 여러모로 편리하거든. 악기를 제작할 때도 그렇고, 연주 중간에 조옮김을 하는 것도 자유로워지니까.

M 음악에 신세계가 열렸군요. 혹시 이 평균율이란 걸 선생님이 발견하셔서 유명해지신 거예요?

B 내가 발견했다고 할 수는 없어. 이전에도 평균율의 장점을 부각하려고 노력했던 작곡가들은 있었거든. 그런데 크게 주목받지 못했지.

M 왜요?

B 평균율의 장점을 확실하게 어필하지 못했던 거야. 그러니 약간의 불편을 감수하고서라도 순정한 비율을 고집하겠다는 음악가들이 계속해서 대세를 이룰 수밖에.

M 역시 변화란 쉽지 않군요. 저부터도 익숙한 게 좋지 낯설고 새로운 건 아무래도 꺼리게 되거든요.

B 하지만 생각해봐라. 새로운 해법을 두고 낡은 관습에 계속 얽매여 있는 건 어리석은 일 아니겠니? 문제를 해결할 수 있는 확실한 방법이 있다면 받아들여야 맞는 거야. 회피가 능사는 아니니

까. 그래서 보여줘야겠다는 생각이 들었단다. 평균율을 사용해도 멋진 음악을 만드는 데 아무 문제가 없다는 걸 말이야.

M 어떻게요?

B 평균율로 만들어진 음악을 선보이면 되는 거지. 그 음악이 순정률로 만든 것만큼, 아니 능가할 만큼 아름답다면 인정할 수밖에 없겠지? 평균율의 진가를 말이다.

M 오~ 그러네요. 수학적 증명만큼이나 명쾌한 방법인데요?
평균율로 만든 그 멋진 음악은 뭐예요?

B 궁금하냐?

M 아이참! 당연하죠.

B 기다려라. 내일 아침에 들을 수 있게 준비해놨으니까.

M 또 이렇게 저의 호기심을 자극하시는군요.
그런데 선생님은 왜 그렇게 평균율의 우수함을 증명하고 싶으셨던 거예요? 그냥 다른 음악가들처럼 순정률을 사용하면 큰 고민이나 도전을 안 해도 되니까 편하잖아요.

B 한 시대를 살아가는 음악가로서 후배 음악가들에게 해줘야 할 어떤 역할이라는 게 있지 않을까? 나는 순정률의 불편함과 한계를 내 후배들에게까지 물려주고 싶지 않았어. 더 넓은 세상에서 자유롭게 음악을 하려면 평균율이라는 새로운 음악의 체계가 필요하다는 걸 누구보다 잘 알고 있었거든. 그걸 알고도 어떻게 가만히 있을 수 있겠니?

M 아… 듣고 보니 선생님을 왜 '음악의 아버지'라고 하는지 알겠어요. 선생님이 열어놓은 평균율의 신세계. 그 세계를 통해 지금 수

많은 후배 음악가들이 창의적이고 자유로운 음악을 만들고 있는 것이니까요.

B 다행이지 뭐냐. 내가 한 노력이 헛되지 않았으니.

M 그거 아세요? 음악에서는 선생님이 돌아가신 시점을 바로크 시대의 끝이라고 본대요.

B 그래?

M 그만큼 선생님의 영향력이 대단하다는 거예요. 한 사람을 기준으로 한 시대의 마침표를 찍는 건 아마 선생님이 처음이자 마지막일 거예요.

B 허허~ 이전 시대 사람들이 그렇게 못마땅해하던 바로크 시대의 마침표를 내가 찍게 된 셈이구나. 원래 그 '바로크'라는 단어가 '일그러진 진주'라는 뜻이거든.

M 바로크가 그런 뜻이었어요? 저는 엄청 고급스럽고 화려한 이미지를 떠올렸는데. 하여튼 바로크 시대를 웅장하고 화려하게 만드는 데 선생님의 음악도 한몫 톡톡히 한 것 같습니다.

B 정말 그런지는 내일 음악을 들으며 생각해보자꾸나.
이제 좀 쉬어야겠지? 내일 아침 우리는 쾨텐으로 가야 하니까.

M 정말 하루도 안 빼고 이동을 하는군요.

B 내 삶이 그렇게 분주했었단다.

순정률이 평균율이라는 새로운 조율법으로 대체되고, 르네상스가 바로크로, 바로크가 또다시 고전주의로 옮겨가는 모습을 보면서 마르코는 세상에 영원한 것은 애초에 없었을지도 모른다는 생각을 한다. 그러다 문득, 그럼에도 불구하고 변하지 않는 것은 무엇일까 생각해본다. 자연 속에 숨어 있는 신의 창조 원리, 예술 작품 속에 깃들어 있는 아름다움, 아름다움 속에 내재된 질서, 그리고 그 질서를 설명하는 수학 같은 것들을.

바흐 선생님이 음악의 아버지로 불리는 이유를 알게 된 오늘, 마르코는 지금 자신이 즐기고 있는 다양한 장르의 음악 속에도 바흐 선생님의 숨은 노력이 있었다는 사실에 새삼 감탄한다.

평균율 클라비어가
열어준 음악의 신세계

TICKET

in 쾨텐

Preludium
No. 1 in C major

J.S. Bach (BWV 846)

　　평균율을 이용해서 보란 듯이 만들었다던 그 음악은 도대체 뭘까? 마르코는 기대감을 감추지 못하고 기차에 타기가 무섭게 음악 감상 준비를 한다. 이어폰을 꽂고 선생님을 뚫어져라 바라보는 마르코.

《평균율 클라비어곡집》

B 녀석~ 얼굴에 구멍 나겠다. 조금만 기다려봐라.

M 뭘 찾고 계신 거예요?

B 오늘 들려주려고 한 게 《평균율 클라비어곡집》인데, 그걸 다 듣기엔 좀 길어서 말이지.

M 아하~ 제목에서부터 '평균율'이라는 단어가 들어가네요. 그런데 클라비어는 또 뭐예요?

B 건반이 달린 현악기들을 총칭하는 말이란다. 쳄발로, 클라비코드, 피아노 같은 악기들을 말하지.

M 그렇군요. 그런데 누구한테 보여주고 싶으셨던 거예요? 순정률을 뛰어넘는 평균율의 가능성을 말이죠.

B 누구긴 누구냐. 내 제자들한테지.

M 네? 평균율을 무시하는 다른 음악가나 권위 있는 사람들한테 본때를 보여주려고 만드신 거 아니었어요?

B 《평균율 클라비어곡집》은 음악을 배우고 싶어하는 젊은 음악가들에게 도움을 주려고 만든 거란다.

M 이렇게나 순수한 목적이라니…

B 일단 음악을 들어봐라. 맨 처음에 나오는 프렐류드(prelude)는 아마 익숙할 거다.

M 프렐류드요?

B 도입부의 음악 말이다.

M 아~ 알겠습니다.

《평균율 클라비어곡집》의 전곡을 듣고 싶은 마르코는 글렌 굴드가 연주한 음원을 다시 찾아 듣는다. 1권에 24곡, 2권에도 24곡. 총 48곡이나 되는 긴 연주를 마르코는 인내심을 발휘해 들어보려 애쓴다. 그러다 어느 순간 꾸벅꾸벅 졸기 시작하고…

B 한 번에 다 듣기엔 좀 길지?

M (화들짝 놀라며) 아… 네… 좀…
그래도 앞부분은 열심히 들었어요. 특히 첫 번째 프렐류드라고 하셨던 곡은 저도 아는 거던데요?

B 그래?

M 〈아베 마리아〉(Ave Maria)잖아요.

B 네가 말한 그 〈아베 마리아〉는 샤를 구노(Charles-François Gounod)라는 프랑스 작곡가가 만든 곡이고, 내 평균율 1번 프렐류드는 그 음악의 반주로 사용되었단다.

M 그러고 보니 글렌 굴드가 연주한 첫 번째 곡이 그 반주곡과 같았던 거 같아요.

새로운 시대의 음악가를 위해

B 《평균율 클라비어곡집》을 한꺼번에 다 듣는 건 무리일 거다. 제자들에게 연주 연습을 시키려고 단계별로 만든 곡을 다 모은 거라 양이 많거든.

M 학생들 연습용으로 만들었던 곡들이군요.

어쩐지 손가락으로 누르는 소리가 하나하나 또렷하게 들리는 거 같더라구요.

B 건반악기로 맑고 깨끗한 소리를 내는 게 생각만큼 쉽지 않거든.

그러려면 내가 개발한 연주법을 먼저 익혀야 해.

M 선생님이 개발한 연주법이요?

B 이를테면 양손의 모든 손가락을 사용하는 방법 같은 것들 말이다.

M 그건 너무 당연한 거 아닌가요?

B 지금은 당연한 모양인데, 우리 때는 엄지손가락을 잘 사용하지 않았어. 음역이 워낙 넓어서 다른 손가락으로 치기 어려운 경우에만 가끔 사용하는 정도였거든.

M 신기하네요. 또 어떤 연주법을 개발하셨어요?

B 나열하자면 많은데 몇 가지만 얘기하자면 이렇단다.

손가락은 건반 위로 툭 떨어뜨리거나 내던져서는 안 돼. 건반 위에서 손가락을 뗄 때도 손가락 끝을 서서히 손바닥 쪽으로 되끌어서 건반 끝에서 미끄러지게 떨어뜨려야 하지. 한 건반에서 다른 건반으로 옮길 때는 울리고 있는 음을 유지해주면서 미끄러뜨리는 방식으로 아주 재빠르게 옮겨야 하고 또…

M 잠깐만요! 그렇게 세세한 걸 다 익혀야 한다구요?

B 당연하지. 그래야 훌륭한 연주자가 될 수 있는 거야.

M 그걸 다 익히려면 보통 얼마나 걸리는데요?

B 6개월에서 1년 정도가 걸린단다.

M 손가락으로 건반 연습을 하는 데만 1년이 걸린다구요?

B 그렇다니까. 내 제자라면 누구도 이 과정을 피해갈 수 없었어.

M 아… 저는 선생님 제자는 못 되겠네요.

B 힘든 과정이야. 가르치다 보면 인내심을 잃어가는 제자들이 수시로 눈에 띄거든. 그럴 때마다 내가 하는 일이 바로 제자들을 위해 곡을 써주는 거였지. 새롭게 또 즐겁게 부족한 부분을 연습하라고 말이다. 그렇게 한 곡 한 곡 만들다 보니《평균율 클라비어곡집》이 탄생하더구나.

M 연습곡으로 만든 건데도 모든 곡이 참 듣기 좋아요. 제자들을 향한 선생님의 진실한 마음이 담겨 있어서 그런가 봐요.

B 배우다가 포기하면 안 되잖니. 흥미를 잃지 않으면서 단계별로 잘 따라오도록 가르치는 게 선생의 역할 아니겠냐?

M 아! 맞다! 선생님. 그거 아세요?

B 뭐를 말이냐?

M 1977년에 미국에서 보이저호라는 우주선을 발사했거든요. 그때 그 우주선에 뭘 실어서 보낼지를 두고 사람들의 의견을 조사했대요.

B 외계인들에게 주려는 거냐?

M 그럴 수도 있고 먼 훗날 다시 인류에게 발견될 수도 있겠죠? 암튼 중요한 건 그게 아니에요. 지금껏 인류가 이룩해놓은 유산 중에 우주로 보낼 만큼 위대하고 가치 있는 것이 무엇일지가 중요한 거잖아요.

B 그래서 뭘 보냈는데?

M 우주로 보낸 여러 가지 중에 음악이 있었대요. 지구의 음악을 대

표하는 27개의 곡을 골든 디스크에 담아서요. 그런데 그중에 무려 세 곡이 선생님의 곡이었다지 뭐예요?

B 그래? 내 곡 중에서 뭘 보냈을까?

M 〈브란덴부르크 협주곡〉이랑 〈바이올린을 위한 소나타와 파르티타〉, 그리고 〈평균율 클라비어곡집 2권 프렐류드와 1번 푸가〉였대요. 그 곡들을 보내면서 사람들이 뭐라고 했는지 아세요?

B 글쎄.

M 세상의 음악이 다 사라진대도 선생님이 만드신 《평균율 클라비어곡집》만 있으면 모든 곡을 복원할 수 있다고 그랬대요. 정말 너무 멋지지 않아요?

B 허허허~ 평균율이 이렇게 큰 대접을 받을 줄이야.
쑥스러우니까 칭찬은 그만하고 내릴 준비를 하자.

마르코의 눈에 쾨텐 궁전까지 걸어가는 길은 다른 소도시들과 크게 다를 것 없이 한적해 보인다.

M 여기도 도시가 아담하네요. 걸어서 둘러볼 수 있겠어요.

B 지금은 인구가 2만 5,000명 정도 된다더구나. 내가 있을 때만 해도 3,000~4,000명 정도였는데 말이다.

M 2만 5,000명도 적기는 마찬가지네요.

B 내일은 제법 큰 도시에 갈 테니까 기대하렴. 그리고 오늘은 쾨텐에서 가장 아름다운 곳을 갈 거란다.

M 야호~ 쾨텐에서 가장 아름다운 곳은 어딜까요?

B 쾨텐 궁전이지. 이곳은 내가 일했던 당시의 모습이 비교적 잘 남아 있단다.

M 생각해보면 선생님이 일하던 장소는 하나같이 참 멋졌던 거 같아요. 궁전 아니면 교회잖아요. 궁전은 말할 것도 없고 교회도 당시에 가장 공들여 지은 거대한 건물이니까요.

B 나쁘지 않았지. 예술가까지는 아니지만 나름 장인으로서의 대우는 받았으니까.

M 쾨텐 궁정에서는 얼마나 일하셨어요?

B 1717년 말부터 5년 넘게 있었구나. 궁정의 악장인 카펠마이스터라는 지위로 말이다.

M 궁정의 악장이라니. 멋지네요. 이곳에서의 생활은 어떠셨어요?

B 정신적으로나 물질적으로 참 풍성하고 아름다운 시기였어. 나를 고용했던 레오폴트(Leopold von Anhalt-Köthen) 공작은 음악을 사랑하는 분이었거든. 이곳에서 나는 공작님이 좋아하시는 협주곡이나 실내악을 만들어서 연주만 하면 되었단다. 쫓기지 않고 일을 할 수 있어서 얼마나 좋았는지 몰라. 게다가 내 능력을 높이 평가해주시면서 높은 연봉까지 약속하셨지.

M 너무 잘됐는데요?

B 함께 연주하던 음악가들의 수준은 또 얼마나 높았는지 아니? 당시에 프로이센의 국왕이었던 프리드리히 빌헬름 1세(Friedrich Wilhelm I)가 궁정의 악단을 해산시켰거든. 덕분에 해산된 악단의 뛰어난 실력자들을 쾨텐으로 대거 스카우트할 수 있었단다. 그야말로 최고의 악단을 거느릴 수 있게 된 거지.

쾨텐의 옛 모습

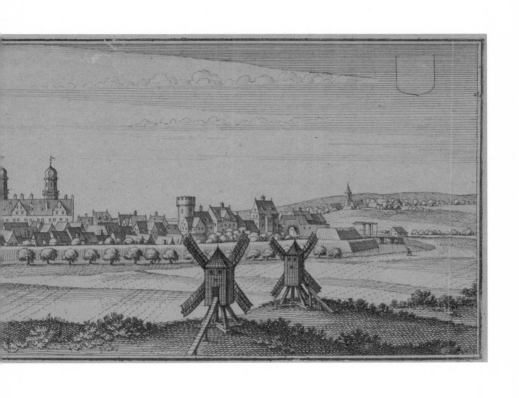

M 쾨텐으로 오길 잘하셨네요.

B 나는 이대로라면 평생을 쾨텐에서 보내고 싶었단다. 내 가족들과도 더없이 행복한 나날들을 보냈으니까.

M 아! 맞다. 가족도 늘어났겠네요. 뮐하우젠에서 일하실 때 결혼을 하셨고, 바이마르에서도 아이들이 태어났다고 하셨잖아요.

B 우리 집은 늘 아이들과 제자들로 북적였단다. 집에서 일할 때 나는 언제나 아이들에게 둘러싸여 있었지. 제자들도 내 집에서 살다시피 했고. 둘째 아들인 에마누엘은 우리 집을 두고 '마치 벌집을 쑤셔놓은 것 같다'고 말하곤 했거든.

M 제자들이 집에서 살다시피 했다구요? 아무리 도제교육으로 제자들을 가르치는 시대였다지만 그래도 사생활이라는 게 있는데… 가족들 입장에서는 힘들었을 것 같아요.

B 불편하기는 했겠지만 별다른 방법이 없었어. 그때는 지금처럼 음악을 가르쳐주는 학교 같은 게 따로 없었으니까. 음악을 배울 수 있는 유일한 방법은 장인과 함께 생활하며 기술을 전수받는 방법뿐이었지. 함께 살면서 나 역시 제자들에게 도움을 많이 받았어. 악보를 만들면 제자들이 복사를 해주고, 연주할 때 악보도 넘겨주고, 또 연주자가 갑자기 필요할 때는 대신 연주를 해주기도 했으니까.

M 서로 윈윈하는 관계네요.

B 그럼. 실력 있는 제자들을 많이 두고 가르치다 보면 그만큼 내가 만들어내는 음악의 수준도 높아지거든.

M 제자들이 많아서 든든하셨겠어요. 그래도 저는 선생님께서 제자

교육을 할 시간에 작곡을 더 하셨거나 해외 출장을 다니셨으면 어땠을까 하는 생각이 계속 들어요. 선생님이 독일 바깥으로 나가지도 않고 시골에만 계셨던 게 속상하거든요.

B 그런 소리 마라. 나는 독일을 벗어나지 않았지만 내 제자들은 달랐어. 내가 길러낸 제자들이 얼마나 활발히 음악 활동을 했는지 아니? 유럽 곳곳을 누비면서 교회나 궁정에 아주 큰 음악적 영향력을 미쳤지.

M 하긴 '바흐 이후의 음악가들은 모두 바흐의 제자다'란 말도 있더라구요. 선생님이 뿌린 씨앗이 민들레 꽃씨처럼 훨훨 날아 세상 곳곳에 음악의 꽃을 피웠다는 의미겠죠?

B 그러니 내가 독일을 떠나지 않았던 것도, 제자교육에 열심이었던 것도 너무 속상해하지 말거라.

M 네. 알겠습니다.

멀리 쾨텐 궁전이 보인다. 화려하다는 말에 큰 기대를 한 탓일까? 생각보다 아담한 크기에 마르코는 실망하는 기색을 내비친다.

바흐의 슬픔과 열정

M 생각보다 작은데요? 저는 엄청나게 크고 화려한 궁전을 상상했거든요.

B 나는 남아 있는 것만으로도 감사하단다. 불타고 부서진 부분들

을 개조해서 예전과는 다른 느낌이지만 그래도 괜찮단다. 보수하면서 내 방도 하나 만들어뒀던데?

M 정말요? 선생님 방으로 빨리 가봐요.

B 서두를 것 없단다. 천천히 둘러봐도 그리 오래 걸리지 않을 테니까. 사실 나는 말이다, 이곳에 오면 늘 희비가 엇갈려.

M 왜요? 여기서 더없이 행복했다고 하셨잖아요.

B 음악적으로야 더할 나위 없이 풍요로웠지. 쾨텐에서 만들었던 곡들이 지금까지 사랑받고 있는 것만 봐도 그때 내 음악적 영감이 얼마나 충만했는지를 알 수 있거든.

M 어떤 곡들을 만드셨는데요?

B 셋째 날과 넷째 날에 네가 들었던 〈브란덴부르크 협주곡〉과 〈무반주 첼로 모음곡〉, 오늘 아침에 들었던 《평균율 클라비어곡집》이 모두 쾨텐에서 만들어진 곡들이야. 그런데…

M 그런데 왜요?

B 나에게 큰 시련이 찾아왔어.

M 어떤 시련이요?

B 아내 마리아 바르바라가 갑자기 세상을 떠나고 말았거든.

M (깜짝 놀라며) 네? 갑자기 왜요?

B 나도 모르겠구나. 그때 나는 레오폴트 공과 함께 카를스바트 (Karlsbad)에 있었으니까.

M 거기에는 왜 가신 건데요?

B 레오폴트 공이 휴가차 온천 여행을 가면서 나를 데려갔었지.

M 아니, 온천 여행을 하는데 선생님이 왜 따라가세요?

쾨텐 궁, 바흐의 방

쾨텐 바흐 하우스

카를스바트의 옛 모습

B 공은 어디에 가든 나를 데리고 다녔어. 음악을 워낙 좋아하는 분
  이다 보니 어디서든 음악을 들어야 했던 거야.

M 여행을 갈 때도 악단을 데리고 가다니…

B 돌아왔을 땐 이미 장례까지 치른 상황이더구나. 하늘이 무너지
  는 것 같았어. 남겨진 아이들과 앞으로 어떻게 살아가야 하나 싶
  어서 막막했지. 당시에 큰딸 도로테아는 열두 살, 장남인 프리데
  만은 열 살, 에마누엘은 여섯 살, 막내가 다섯 살이었거든. 너무
  슬픈 나머지 나는 그만… 이곳을 떠나고 싶어졌단다. 그리고 다
  시 종교 음악을 하고 싶어졌지.

M 충격과 슬픔이 크셨군요. 그래서 어디로 가려고 하셨는데요?

B 함부르크(Hamburg)로 가려고 했었어. 성 야코프 교회에서 오르간 연주자를 구한다는 얘기를 들었거든.

M 가려고 마음만 먹으면 바로 가셨을 거 같은데요?

B 나도 그럴 줄 알았다. 2시간 동안 펼친 내 연주를 듣고 모두가 감탄했었으니까.

M 그런데 안 된 거예요? 왜요?

B 당시에 함부르크에서는 돈을 많이 내는 사람에게 자리를 주는 나쁜 관습이 있었거든.

M 돈을 내고 자리를 사는 거예요? 실력을 보고 채용하는 게 아니구요?

B 그렇더구나. 하이트만(Johann Joachim Heitmann)이라는 형편없는 연주자에게 그 자리가 돌아간 걸 보고 얼마나 실망을 했는지…

M 그런 법이 어딨어요. 교회가 그런 식으로 연주자 자리를 돈으로 사고팔아도 되는 거예요?

B 안 그래도 그 사건에 대해 불만을 표시하는 사람들이 있었단다. 하늘에서 내려온 천사가 성 야코프 교회의 연주자가 되고 싶어서 아주 성스러운 연주를 했다 하더라도 빈털터리였다면 다시 하늘로 올라가야 했을 거라고 하면서 말이다.

M 천사의 연주에 비유될 만큼 훌륭한 연주를 하셨는데도 떨어지셨다니… 정말 속상하셨겠어요. 그래서 어떻게 하셨는데요?

B 일에 몰두하며 지냈단다. 그리고 아내가 죽은 다음 해 겨울 즈음 〈브란덴부르크 협주곡〉을 완성했지. 브란덴부르크 공작에게 헌정하기 위해서 말이다.

M 그 밝고 경쾌했던 〈브란덴부르크 협주곡〉이 그 시기에 만들어진 거라구요? 어쩐지 너무 슬프네요. 마음은 슬픔으로 가득했을 텐데 어떻게 그런 밝은 음악을 만들 수 있었던 걸까요?

B 내가 슬프다고 슬픈 곡만 만들 수는 없지. 내 음악이 누군가에게는 기쁨과 희망이 되어야 하니까. 그리고 나에겐 아이들이 있잖니. 그 아이들과 어떻게든 살아가려면 기운을 내야 할 것 같았단다.

M 결국 아이들이 삶의 이유가 되었군요.

B 그래서 열심히 만들었지. 그런데 이번에도 내 열정이 과했던 모양이다.

M 왜요?

B 〈브란덴부르크 협주곡〉은 독주 악기들을 위한 협주곡 모음이거든. 전체가 여섯 곡인데, 각각의 협주곡에서 악기들의 조합을 다양하게 시도해봤단다. 쾨텐 궁정에 있는 연주자들에게 자신의 연주 솜씨를 뽐낼 기회를 주고 싶었거든. 그런데 모두가 내 생각과 같진 않은 모양이더구나.

M 또 무슨 일이 있었군요.

B 협주곡 2번을 연주하던 중에 트럼펫 연주자가 나에게 버럭 화를 냈거든. '당신 손가락이 건반을 누를 수 있다고 해서 다른 악기도 다 되는 건 아니다'라고 하면서 말이다.

M 트럼펫 연주가 어려웠나 봐요.

B 그랬을 거야. 요즘 트럼펫은 피스톤을 누르는 방식으로 연주하던데 우리 때 트럼펫은 리코더처럼 구멍을 막아서 연주했거든. 트럼펫의 길이도 지금보다 2배 정도 길었으니까 손가락으로 구

멍이 막아지지 않는 경우들이 종종 있었지.

M 악기들이 지금하고 많이 달랐군요.

B 악기의 이름이나 모양뿐 아니라 연주방식이나 소리도 달랐어. 지금은 존재하지 않는 악기들도 많았고. 지금은 플루트를 금속으로 만들던데 우리 때는 나무로 만들었거든. 현악기들도 금속이 아니라 동물의 내장을 이용한 끈으로 만들었지.

M 어떻게 생겼는지 궁금한데요?

B 내일 라이프치히(Leipzig)에 가면 박물관에서 볼 수 있을 거다.

M 아하! 이렇게 내일 가는 장소 정보를 살짝 흘리시는군요. 쾨텐을 떠나고 싶다고 하시더니 라이프치히로 직장을 옮기셨나 봐요.

B 라이프치히로 가기까지 시간이 좀 걸렸단다. 그리고 네가 계속 마음을 쓸까봐 하는 얘긴데…

M 무슨 얘긴데 뜸을 들이세요?

B 마리아를 떠나보낸 이듬해, 나는 새 아내를 맞이했어. 동료 연주자의 딸인 안나 막달레나 빌케(Anna Magdalena Wilcke)였지. 그녀도 쾨텐 궁정에서 소프라노 가수로 활동했거든.

M 잘됐네요.

B 막달레나는 나의 아내이자 동료였어. 그녀 역시 음악을 하는 사람이었기 때문에 누구보다도 나를 잘 이해하며 서로 도울 수 있었지. 나와 막달레나 사이에서도 참 많은 아이들이 태어났단다. 무려 13명의 아이를 낳았거든.

M 13명이나요?

B 그런데 어른이 될 때까지 살아남은 아이들은 겨우 6명뿐이었어.

마리아와도 7명의 아이를 낳았는데 그중에 4명만 살아남았거든.

M 그럼 20명의 아이를 낳았고 그중 10명이 어려서 죽은 거예요? 10명의 자식을 먼저 보내는 슬픔이 어떤 건지 저는 감히 상상조차 되지 않네요.

B 내 부모와 형제들, 아이들의 죽음을 지켜보며 나는 신의 뜻이 무엇일지 생각하고 또 생각했단다. 깊은 고민 끝에 신의 뜻을 음악으로 전달하는 것이야말로 진정한 내 소명이라는 결론을 내렸어. 그리고 결정했지. 라이프치히로 가기로 말이야.

M 아내와 아이들을 먼저 떠나보내면서 다시 종교 음악을 하게 된 거군요.

B 라이프치히로 가는 이유는 더 있었단다.

M 뭔데요?

B 내가 재혼을 하고 나서 레오폴트 공도 바로 결혼을 했거든. 그런데 결혼 상대인 헨리에타 공주가 음악을 아주 싫어했어. 그러니 남편인 레오폴트 공도 예전처럼 음악을 좋아하기는 어려웠겠지.

M 아니, 음악을 싫어하는 사람도 있어요?

B 그러게 말이다. 때마침 쾨텐 공국의 재정도 좋지 않아졌어. 그러다 보니 음악 활동을 예전처럼 활발히 하기는 어렵더구나. 또 무엇보다 내 자식들이 대학교육을 받을 나이가 되었거든. 쾨텐은 작은 도시라서 대학이 없었지. 그러니 나는 아이들의 교육을 위해서라도 큰 도시로 가야만 했단다.

M 그렇게 해서 선택한 도시가 바로 라이프치히였군요.

B 그래. 아름다웠던 쾨텐에서의 시간이 그렇게 끝났던 거야.

M 아쉽네요. 평생을 머물고 싶어 하셨던 곳인데.

B 어쩔 수 없는 것 아니겠니? 시간이 가면서 변하지 않는 것은 없으니.

그럼 우리의 쾨텐 여행도 이쯤에서 마무리할까? 숙소 가서 좀 쉬어야겠구나.

M 정말 쉬는 거 맞겠죠?

B 그건 가보면 알겠지.

마르코는 뒤굴거리며 이런저런 정보를 찾아본다. 음악을 들으며 여유 있게 돌아다닐 거라는 기대가 여지없이 무너진 지금. 숙소에서 펼쳐지는 바흐 선생님과의 음악 속 수학 이야기를 따라가기 위해서는 지금이라도 공부를 해야 할 것 같다.

기타 현과 그랜드피아노 속 지수함수

M 선생님. 저희 오늘도 수학 이야기를 하나요?

B 왜? 수학 이야기가 하고 싶으냐?

M 그럴 리가요. 평균율 계산까지 다 했으니까 이젠 더이상 수학 이야기는 없을 거 같아서 여쭤본 거예요.

B 그래? 어려운 수학 얘기가 싫은 게로구나.

M 어! 어떻게 아셨죠?

B 그럼 오늘은 가벼운 이야기를 좀 해볼까?

M 어떤 얘기요?

B 악기 모양 속에 숨어 있는 수학에 대해서 말이다.

M 또 수학이네요. 어떤 악기를 가지고 얘기하실 건데요?

B 피아노나 쳄발로 같은 건반악기를 먼저 보자꾸나.
아주 어렵게 위에서 찍은 사진이란다.

M 옆에서 볼 때는 몰랐는데 되게 길쭉하게 생겼네요.

B 모양이 참 예쁘지? 저 모양의 비밀은 바로 줄어드는 현의 길이에
있단다.

M 매끄러운 곡선으로 줄어들고 있어요. 꼭 반비례 곡선 같아요.

B 반비례라면 식이 $y = \dfrac{a}{x}$와 같이 써지는 함수 아니냐?

M 와~ 바흐 선생님, 함수식도 잘 아시네요.

B 그런데 저 곡선은 $y = \dfrac{a}{x}$와 같은 함수가 아니야. 오히려 지수함
수에 가깝지.

M 지수함수가 뭐예요?

쳄발로 또는 하프시코드

B 식이 $y=a^x$과 같이 생긴 함수를 말한단다. 더 정확하게 말하자면 $y=(\frac{1}{\sqrt[12]{2}})^x$이 되겠구나.

M 헉… 쉬운 수학 얘기를 하신다면서 그 식은 도대체 뭔가요?

B 겁먹지 말고 잘 봐라. 식 안에 어제 네가 계산한 숫자가 들어 있거든.

M $\frac{1}{\sqrt[12]{2}}$이요?

B 그래. 평균율 계산에서 12개의 반음을 균등하게 나눈 비율이잖니. 그러니까 평균율로 제작된 악기에 저 숫자가 들어가는 건 당연하겠지?

M 그럼 저 쳄발로의 현의 길이는 제일 긴 현을 기준으로 $\frac{1}{\sqrt[12]{2}}$의 비율로 짧아진다는 말인가요?

B 그렇단다. 반대로 가장 짧은 현을 기준으로 $\sqrt[12]{2}$의 비율로 늘어난다고 생각해도 되겠구나.

M 그런데 좀 이상한데요? 제일 짧은 현에서부터 시작해서 현의 길이가 급격하게 길어지잖아요. 그런데 왜 끝으로 갈수록 현의 비율이 줄어드는 것 같죠?

B 현실적인 한계 때문에 그런 거란다. 예를 들어 가장 짧은 현의 길이를 5cm라고 해보자. 그런데 반음씩 내려갈 때마다 $\sqrt[12]{2}$의 비율로 늘리다 보면 나중에는 현이 너무 길어지겠지? 도저히 악기로 만들 수 없을 만큼 길게 말이다. 그럴 땐 무작정 현의 길이를 늘이는 것보다 현의 두께나 장력을 조절해서 음을 맞추는 게 좋단다.

M 아~ 그래서 쭉쭉 뻗어 올라가다가 둥그스름하게 마무리가 되었

군요. 그런데 잠깐 계산을 좀 해봐도 될까요?

B 무슨 계산을?

M 제일 짧은 현의 길이를 5cm라고 했을 때, 현의 길이가 어떻게 늘어나는지 궁금해서요.

B 녀석~ 궁금한 건 그냥 못 넘어가는구나. 그럼 한번 해봐라.

M 5cm일 때가 가장 높은 음이니까 한 옥타브를 내리면 현의 길이는 2배. 그러니까 10cm가 되고, 두 옥타브를 내리면 다시 2배가 되어서 20cm가 되네요. 피아노는 7옥타브까지 내릴 수 있으니까 계속 2배씩 길게 해보면…

$$5 \times 2^7 = 5 \times 128 = 640 \text{cm}$$

7옥타브가 있는 피아노는 현의 길이가 정말 6미터가 넘어요.

B 현의 길이로만 음을 맞춘다 생각하면 정말 그렇게 되겠지.

M 쳄발로나 피아노 같은 악기에 지수함수가 숨어 있다니… 정말 놀라운데요?

B 그 사실을 알았으면 다른 악기에서도 찾을 수 있을 거다.

M 다른 악기 어떤 거요?

B 어떤 악기든 상관없단다. 평균율을 이용해서 만들었다면 원리는 모두 같을 테니까. 예를 들어 기타를 한번 볼까?

M 기타요?

B 그래. 기타를 보면 현이 있지? 그 현의 길이를 볼 거란다.

M 어디부터 어디까지를 봐야 하나요?

B '너트'라고 불리는 부분부터 몸통 가운데 기타줄을 고정한 '브릿

지'까지를 보면 된단다. 그 길이를 1이라고 생각해보자.

M 길이를 1로 생각한다고 하시니까 피타고라스 음계가 떠오르는데요?

B 옳지. 그렇다면 한 옥타브 높은 음을 내려면 어떻게 해야 할까?

M 한 옥타브 차이면 비율이 1:2잖아요. 그러니까 길이를 절반으로 줄여야 하는데 어떻게 줄이죠?

B $\frac{1}{2}$ 되는 지점을 눌러주면 된단다. 기타 줄의 정가운데를 보면 점이 두 개 찍혀 있거든. 바로 그 위치를 누르고 현을 튕기면 정확히 한 옥타브 높은 음이 나는 거야.

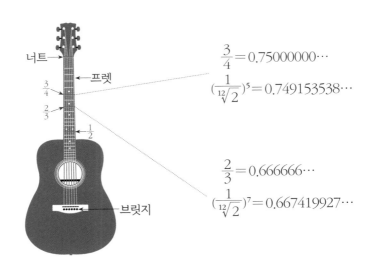

$$\frac{3}{4} = 0.75000000\cdots$$

$$(\frac{1}{\sqrt[12]{2}})^5 = 0.749153538\cdots$$

$$\frac{2}{3} = 0.666666\cdots$$

$$(\frac{1}{\sqrt[12]{2}})^7 = 0.667419927\cdots$$

M 그런 방식으로 소리를 조절하는군요.

B 그렇다면 완전 5도의 소리는 어떻게 낼까?

M 완전 5도의 비율은 2:3이니까 전체 길이의 $\frac{2}{3}$가 되는 지점을 누르고 소리를 내면 되겠네요.

B 완전 4도 소리도 낼 수 있겠지?

M 완전 4도는 비율이 3:4니까 전체 길이의 $\frac{3}{4}$이 되는 지점을 눌러주면 되구요.

그런데 선생님. 아까 기타도 평균율로 만들어져 있다고 하지 않으셨어요?

B 그랬지.

M 그런데 왜 현의 길이 계산을 피타고라스 음계로 해요?

피타고라스 음계는 평균율이 아니라 순정률이잖아요.

B 아주 좋은 질문이다. $\frac{3}{4}$과 $\frac{2}{3}$는 모두 순정률을 나타내는 유리수지. 그런데 네가 말한 대로 평균율로 계산을 해보면 각각의 정확한 위치는 $(\frac{1}{\sqrt[12]{2}})^5$과 $(\frac{1}{\sqrt[12]{2}})^7$이거든. 반음으로 따졌을 때 완전 4도는 반음 5개, 완전 5도는 반음 7개만큼을 올리는 거니까.

M 그런데요?

B $(\frac{1}{\sqrt[12]{2}})^5$과 $(\frac{1}{\sqrt[12]{2}})^7$을 계산해보면 그 값은 $\frac{3}{4}$, $\frac{2}{3}$와 거의 차이가 없어. 그러니까 악기를 만들 때 피타고라스 음계에 있던 두 숫자를 이용해도 크게 상관이 없는 거지.

M 그렇군요. 피타고라스 음계에 등장했던 네 개의 수 1, $\frac{3}{4}$, $\frac{2}{3}$, $\frac{1}{2}$은 정말 중요하네요. 평균율의 숫자들과도 큰 차이가 없으니까 현실적으로 사용하기 어려운 무리수 대신 저 숫자들을 사용할 수 있잖아요.

B 그렇지. 더 놀라운 사실을 알려줄까?

M 아직 뭐가 더 남았어요?

B 기타에서도 아름다운 지수함수를 찾을 수 있거든.

M 기타에서는 현의 길이가 다 똑같은데, 어디에 지수함수가 있어요?

B 프렛(fret)의 위치를 잘 봐라. 프렛이라는 건 음을 정확하게 낼 수 있도록 알려주는 표시거든. 그 표시들을 옆으로 쭉 늘인 다음 일정한 간격으로 잘라보면 된단다. 그러면 프렛의 연장선과 세로선의 교점들이 지수함수 곡선을 만들게 될 거야.

M 이렇게 말이죠?

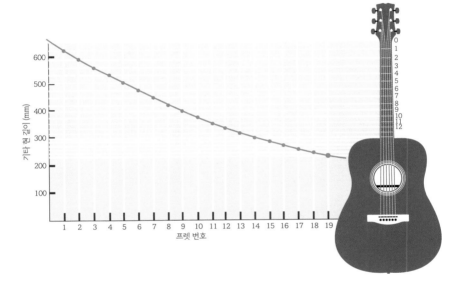

B 아주 잘 했구나.

M 프렛 사이의 거리가 기하학적으로 균등하다는 걸 이런 식으로 시각화해서 볼 수 있다는 게 신기해요. 그렇다면 현으로 된 다른 악기들도 분석해볼 수 있겠는데요? 평균율로 만들어진 건지 아닌지 말이에요.

B 그새 악기 보는 눈이 생긴 거 같은데? 이젠 어딜 가도 현악기들

을 그냥 지나치지 못할 거다. 평균율로 만들어진 건지 아닌지 구별하고 싶어질 테니까.

M 정말 그럴 것 같아요. 그리고 선생님과 있다 보면 매일 조금씩 음악에 대한 지식이 늘어나는 거 같아서 뿌듯해요.

B 확실히 처음보다는 음악에 관한 대화를 즐기는 것 같구나.

M 맞아요. 음악 속에 숨은 수학을 발견하는 재미도 나름 쏠쏠합니다.

B 그럼 오늘은 이만 쉬자꾸나. 내일은 우리의 마지막 여행 장소로 떠나야 하니까.

잠들기 전 마르코는 〈브란덴부르크 협주곡〉을 다시 듣는다. 사랑하는 아내와 열 명의 자식들을 먼저 떠나보내야 했던 바흐 선생님의 슬픔은 얼마나 컸을까. 그럼에도 불구하고 남아 있는 가족들을 책임지기 위해 쉼 없이 일해야 했던 그 상황은 또 얼마나 힘겨웠을까. 마르코는 음악을 들으며 묻고 또 물어본다. 감히 상상할 수 없는 아픔 속에서도 이렇듯 찬란한 음악을 만들어낼 수 있다니… 마르코는 놀랍도록 경쾌하고 아름다운 음악을 들으며 조용히 혼자서 눈물을 훔쳐낸다.

바로크 음악에
푸가의 꽃을 피우다

TICKET

in 라이프치히

Fugue
in G Minor

J.S. Bach (BWV 578)

　시골 마을을 벗어나 대도시로 간다는 기대감에 마르코는 아침 일찍
부터 갈 길을 서두른다. 그러고 보니 초대장에 적혀 있던 도시의 이름이
라이프치히 아니었던가? 마침내 바흐 페스티벌이 열리는 여행의 종착
도시로 간다는 설렘에 마르코의 발걸음은 무척이나 가볍다.

〈푸가의 기법〉

M 이제야 좀 도시의 공기를 쐬겠네요.

B 너는 도시가 좋은가 보구나. 너 때문에라도 내일까지 라이프치히에 머물러야겠는걸.

M 내일은 짐을 안 싸도 되는 거예요? 야호!

저도 이틀이나 지내시는 거 보니, 라이프치히에서 오래 사셨나 봐요.

B 1723년부터 1750년까지 무려 27년이란 긴 시간을 머물렀던 곳이지. 성 토마스 교회(Thomaskirche)는 나의 마지막 직장이었거든.

M 27년이면 꽤 긴 시간이네요. 선생님도 라이프치히가 마음에 드셨나 봐요.

B 마음에 들기는. 그곳에서의 생활은 시작부터 삐걱거렸는걸.

M 정말요?

B 성 토마스 교회에서 원했던 건 칸토르(Cantor)라는 자리였어. 칸토르는 교회 음악을 총괄하고 책임지는 사람을 말한단다. 그런데 시의회에서는 도시 전체의 음악을 책임질 사람을 원했지.

M 교회와 시의회의 입장이 달랐네요. 교회를 포함해서 도시 전체의 음악을 책임져야 하는 자리면 너무 힘들지 않을까요? 물론 선생님이라면 충분히 해내실 수 있었겠지만요.

B 안타깝지만 라이프치히에서는 내 능력을 그렇게 높게 쳐주지 않았단다. 나보다는 다른 사람을 뽑고 싶어 했지. 텔레만이나 크리스토프 그라우프너 같은 사람들 말이야.

M 저는 처음 들어보는 이름인데 그분들도 유명했나요?

B 실력 있는 음악가들이었어. 게다가 그 사람들은 라이프치히와 어떤 식으로든 인연이 있었지. 쟁쟁한 음악가들과 경쟁하다 보니 선발 과정에서부터 만만치가 않았단다.

M 천하에 우리 바흐 선생님을 몰라보다니.

B 다행히 다른 후보자들이 모두 올 수 없는 상황이 되었어. 시의회는 최고를 얻을 수 없다면 평범한 사람이라도 받아들여야 한다며 나를 채용했지.

M 평범하다니, 말도 안 돼. 선생님 정도의 실력이면 다른 곳에서 훨씬 좋은 대우를 받으며 일하실 수 있는데, 그런 소리까지 들으면서 가셔야 했나요?

B 어제 말했잖니. 아이들이 성장하면서 대학이 있는 도시에 직장을 잡고 싶었다고.

M 자녀들을 위해 희생하신 거군요.

B 그렇지만은 않아. 나는 그곳에서 종교 음악을 다시 해보고 싶었으니까. 그런데 막상 일을 시작하니 어려운 점이 한두 가지가 아니더구나. 환경은 열악하기 그지없는데 할 일은 지나치게 많았거든. 제일 힘들었던 건 음악가로서의 역할보다 교사로서의 역할을 강요하는 거였단다.

M 교사로 학생들을 가르친다구요? 어떤 과목을요?

B 라틴어 과목을 가르쳐야 했어. 성 토마스 교회의 부속학교는 오래전부터 라틴어로 명성이 자자한 학교였거든. 내가 라틴어 수업까지 하기는 어려울 거 같다고 말했더니 그럼 다른 사람에게 맡기라고 하더구나. 단, 보수는 내가 줘야 한다는 조건으로 말이

라이프치히의 옛 모습

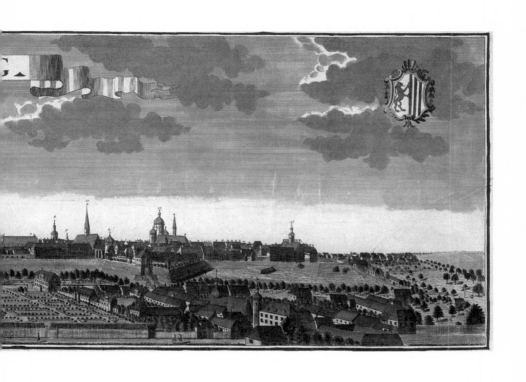

다. 어쩔 수 없이 나는 라틴어 수업까지 해야만 했지.

M 음악하는 예술가에게 라틴어 수업까지 하라니. 진짜 너무하네요.

B 어려운 얘기를 하자면 정말 끝이 없을 거다. 수업도 수업이지만 학교의 재정 상황과 아이들의 생활 환경이 너무나 열악했어. 노래를 불러야 하는 아이들이 굶주림에 쓰러질 지경이었다니까. 또, 행정적인 업무는 얼마나 많았는지 몰라. 시 교회들을 돌면서 모든 음악을 총괄하다 보면 잠잘 시간도 부족했거든. 정말 화가 났던 건 교회와 시의회 사람들이 하는 일마다 사사건건 시비를 걸었다는 거야. 그렇게 힘들게 일을 했는데도 월급은 쾨텐에서 보다 적었지.

M 아이구. 정말 힘드셨겠어요.

B 지나간 일이니 푸념은 그만두자. 그보다 내가 준비한 음악을 들어봐야 하지 않겠니? 푸가(Fugue)라는 장르의 음악이란다. 생각이라는 걸 하면서 들어야 하는 바로 그 음악이지.

M 무슨 생각을 해야 하는지는 잘 모르겠지만 일단 들어볼게요.

오르간 연주를 들으면서 마르코는 알 수 없는 감정에 휩싸인다. 밝고 경쾌한 것도 아니고, 그렇다고 감미롭거나 화려한 것도 아닌 이 음악을 도대체 어떻게 해석해야 하는 건가⋯ 난감해하던 마르코는 기차에서 내려 성 토마스 교회로 걸어가는 길에 어렵게 말문을 연다.

M 선생님 말씀대로 음악을 생각하며 들으려고 해봤는데 쉽지가 않네요.

B 당연하지. 아직 듣는 방법을 모르니까.

M 듣는 방법이 따로 있어요?

B 그럼. 이곳 라이프치히에서 내가 너에게 가르쳐줄 게 바로 그거란다. 대위법으로 만들어진 다성음악을 듣는 방법 말이다.

M 대위법이요? 다성음악은 또 뭔가요?

B 대위법이라는 건 점과 점을 대응시키듯이 음표와 음표들을 대응시키며 작곡을 하는 방법을 말하거든. 다성음악이라는 건 독립적인 선율들을 서로 어우러지게 연주하는 걸 의미하고 말이다.

M 너무 어려운 얘기인데요?

B 그렇지? 일단 오늘 들은 음악에 대해 먼저 얘기해보자. 들으면서 어떤 느낌이 들었니?

M (머뭇거리며) 음… 뭔가… 좀 무겁고 엄숙한 느낌이었어요.
어제까지 들었던 음악들은 밝고 경쾌하고 아름답고 그랬거든요.
그런데…

B 썩 좋은 느낌은 아니었구나. 그래도 안 졸고 열심히 들던데?

M 어떻게 졸아요? 선생님이 질문하실 게 뻔한데요.
참! 듣다 보니 어떤 구간이 계속 반복되는 것 같았어요.
다른 음들하고 섞여서 정확하게 들은 건지는 잘 모르겠지만요.

B 어이쿠~ 제법이구나.

M 정말요?

B 대위법을 사용한 다성음악의 핵심이 바로 반복이거든. 문제는 어떻게 반복되느냐 하는 건데, 그 얘기는 이따가 숙소에서 하도록 하자.

M 아… 숙소… 원래 여행 다닐 때는 숙소가 가장 편안한 장소인데 선생님과 하는 여행에서는 가장 힘들고 머리 아픈 장소네요.

B 그렇게 힘드냐?

M 히히~ 아니에요. 저 배우는 거 좋아합니다.

B 그렇지? 그럴 줄 알고 내가 너와 성 토마스 교회에서 함께 이야기할 주제도 미리 생각해봤다.

M 정말 철저하시네요. 어떤 주제인데요?

B 바로크 시대의 음악. 오늘은 그 얘기를 먼저 해볼까 한다.

M 오~ 좋습니다.

마르코와 바흐 선생님은 성 토마스 교회 주위를 한 바퀴 돌아본다. 반듯한 선들이 만들어낸 정교한 교회의 외관은 마르코의 관심을 끌기에 충분하다.

M 교회가 되게 예쁘게 생겼네요. 직선들이 뻗어 나가면서 만든 삼각형, 사각형들이 뭔가 안정감을 줘요.

B 고딕 양식으로 지어진 교회라 반듯한 느낌이 더하지. 외관은 내가 있을 때와 크게 변하지 않은 것 같구나.

M 선생님이 근무했던 때를 상상하며 다니면 되겠네요.

B 학생들을 가르치면서 생활했던 부속학교 건물은 사라졌더구나. 그래도 교회가 남아 있으니 다행이지.

M 가만 바라보니까 건물이 완전 대칭이네요. 가운데 선을 그어놓고 양옆을 보면 포개질 것처럼 똑같아요.

성 토마스 교회

현재의 성 토마스 교회

B 너도 나와 보는 관점이 비슷한데? 나도 대칭을 참 좋아하거든.

M 정말요?

B 그럼. 앞으로 우리는 대칭에 대해 많은 얘기를 하게 될 거야.

M 오늘은 바로크 시대 음악에 대해 얘기한다고 하셨잖아요.

B 그 얘기를 하다 보면 자연스럽게 대칭 이야기를 하게 되어 있어.

M 음악 얘기를 하다가 대칭 이야기를 한다니 좀 이상하네요.

B 일단 안으로 들어가 잠시 쉬었다 가자.

마르코는 흰 벽에 붉은 띠 장식이 돋보이는 내부를 둘러보며 감탄사를 쏟아낸다. 300년 전 바로 이곳에서 바흐 선생님이 오르간 연주를 하셨다고 생각하니 감동이 물밀듯이 밀려온다.

M 바로 여기군요. 선생님이 27년 동안 일하셨던 곳이요.

B 그래. 모습은 좀 변했다만 여기가 맞구나.

M 어! 저기 스테인드글라스에 선생님 얼굴이 있어요.

B 빨리도 찾았는데?

M 그럼 혹시 복도 끝 2층에 있는 저 오르간을 선생님이 연주하셨
　　던 거예요?

B 지난번에 말해줬던 거 같은데? 오르간의 수명상 내가 사용하던
　　것이 지금까지 남아 있을 수는 없다고 말이다.

M 아! 맞다. 그새 까먹었네요.

B 내가 연주하던 오르간이 궁금하면 벽 쪽을 따라 가보거라. 그럼
　　내 오르간과 비슷하게 다시 만들어놓은 걸 볼 수 있을 거다.

M 저기 저 은색 오르간 말씀이세요? 가운데 이상한 물결무늬 표시가 박혀 있는 거 말이에요.

B 그래, 맞다. 그리고 그 '이상한 물결무늬'는 내 서명으로 만든 장식이란다. 그 서명 안에도 대칭이 숨어 있지.

M 대칭을 정말 좋아하시나 봐요.

B 내가 저 오르간을 연주하는 모습이 궁금하지 않니?

M 혹시 오늘 저를 위해 연주해주실 예정인가요?

B 지금부터 하게 될 이야기를 집중해서 잘 들으면.

M 오호~ 오늘도 열심히 들어야겠네요.

다성음악과 화성음악

B 우리의 음악 이야기가 대칭까지 가려면 먼저 바로크 시대의 음악에 대한 이해가 필요하단다. 혹시 바로크 시대 하면 뭐가 떠오르니?

M 여기 성 토마스 교회처럼 크고 웅장한 교회, 교회 내부를 꽉 채우는 오르간 연주, 그리고…

B 음악 여행이다 보니 음악만 떠오르는 모양이구나.

M (머리를 긁적이며) 네, 사실 아는 게 별로 없어요.

B 네가 말한 것처럼 바로크 시대는 크고 웅장하고 화려한 것이 특징이야. 건축과 음악도 장엄한 분위기로 바뀌었지.

M 왜요?

바흐 스테인드글라스

바흐 오르간

B 대항해 시대를 거치면서 세상이 크고 넓다는 걸 사람들이 알아 버렸거든. 항해술이 발달하면서 천문학과 과학도 자연스럽게 함께 발달했어. 별자리를 보고 항해를 하던 시대니까 당연한 결과 겠지? 중요한 건 여러 학문의 발달과 더불어 사람들의 생각도 합리와 이성을 중시하는 방향으로 변하게 되었다는 거야.

M 생각을 이성적으로 하기 시작하면 맹목적으로 따르던 종교가 다르게 보일 텐데요?

B 그래서 종교개혁이 일어난 거야. 부패한 가톨릭을 이성적으로 바라보고 비판할 수 있게 되었으니까. 그 시작이 95개 조의 반박문을 발표했던 마르틴 루터였고.

M 선생님보다 200년 전에 아이제나흐에서 같은 교회를 다니셨다던 그 루터 말씀이시죠?

B 그래. 종교개혁에 위기감을 느낀 가톨릭은 떨어진 권위를 다시 세우기 위해 성당을 짓기 시작했어. 이전보다 더 크고 더 웅장하게.

M 크고 웅장해진 교회의 내부를 채우기 위해 스테인드글라스를 만들고 오르간의 크기도 키웠다고 하셨잖아요.

B 잘 기억하고 있구나. 그리고 또 하나의 큰 변화가 있었어.

M 뭔데요?

B 성악 중심이던 음악이 기악 중심으로 바뀐 거야. 그동안 악기는 성가대 반주를 하는 정도로만 쓰였거든. 그런데 이제 독자적인 곡으로 연주되기 시작한 거지.

M 왜 그런 변화가 생긴 거예요?

B 악기의 발달이 큰 요인이라고 할 수 있겠구나. 왕족과 귀족을 대

상으로 연주를 할 때는 몇 개의 악기만으로도 충분했거든. 그런데 상업이 발달하고 돈 있는 사람들이 많아지면서 여러 사람을 대상으로 대규모 공연을 하게 된 거야. 그러다 보니 다양하고 많은 악기가 필요하게 된 거지.

M 악기 산업이 엄청 발달했겠는데요?

B 그래. 그런데 생각해봐라. 사람의 목소리와 가사가 중요하던 음악에서 그 소리와 내용이 사라지면 어떤 느낌일지를. 어떻게 연주를 해야 가사를 통해 전하던 메시지가 악기 소리만으로도 전해질 수 있는지를 말이다.

M 종교 음악이라면 종교적 메시지를 담아야 할 거고, 사랑의 노래라면 애절한 마음을 녹여내야 하는 거잖아요. 사람이 노래를 부를 땐 가사가 있으니 바로 알아들을 수가 있는데, 악기 소리만으로 그걸 어떻게 전달하죠?

B 그래서 형식을 고민하기 시작한 거야. 형식에 변화를 주면서 다양한 느낌이나 분위기를 연출하려는 거지. 가장 쉬운 예로 반복을 생각할 수 있겠구나. 악곡 내에 일정한 부분을 반복하면 주제를 명확하게 강조하는 느낌이 들거든.
그런데 그냥 반복만 하면 금방 지루해져. 그래서 거기에 또 변화를 주기 시작한 거야. 그걸 변주라고 하지.

M 〈골드베르크 변주곡〉의 그 변주 말이죠?

B 그래. 변주는 다성음악에서 특히 중요하거든. 다성음악이란 두 개 이상의 독립된 선율을 연주하면서 그걸 또 어울리게 만든 거니까. 그런데 생각해봐라. 완전히 다른 선율을 서로 어울리게 만

들려면 힘이 많이 들겠지? 그보다는 중심이 되는 선율을 하나 정하고 그 선율을 조금씩 변형해가면서 연주하는 게 효율적이지 않을까?

M 중심 선율을 변형한 연주가 변주란 말씀이시죠? 그런데 저는 독립된 선율을 연주한다는 게 무슨 말인지 잘 모르겠어요.

B 그렇다면 단성음악을 먼저 이해해야겠구나. 단성음악이라는 건 모두 똑같이 하나의 선율로 연주하는 거야. 아무리 많은 악기를 동원한다 해도 똑같은 선율로 연주하면 그건 단성음악이거든. 여러 사람이 다 같이 애국가를 부르는 것을 예로 들 수 있겠구나.

M 공연장에서 가수의 음악을 따라 부르는 것도 단성음악이겠네요.

B 그것도 좋은 예구나.

M 악기든 사람이든 똑같이 연주하거나 부르면 단성음악, 서로 다른 선율을 따라가면 다성음악이라는 말씀이시군요. 이제 뜻은 이해가 됐어요. 그런데 여전히 상상은 안 되네요. 어떻게 서로 다른 연주나 노래가 어울릴 수 있는지.

B 다성음악도 예를 하나 들어줄까?

M 그게 좋겠어요.

B 대표적인 예로 카논(Canon)을 들 수 있겠구나. 카논을 다른 말로 하면 돌림노래거든.

M 앞 사람이 먼저 노래를 시작하면, 조금 기다렸다가 다음 사람이 같은 노래를 따라 부르는 방법 말이죠?

B 그래, 맞다.

M 저 그런 노래를 불러본 적이 있어요.

'다 같이 돌자 동네 한 바퀴~ 아침 일찍 일어나 동네 한 바퀴~'
이런 노래인데, 한 소절 부르고 나면 다른 사람이 처음부터 노래
를 부르기 시작해요. 동시에 부르는 가사와 음은 분명 다른데 신
기하게 잘 어울렸어요.

B 그러니까 다성음악이지. 각자 자기 노래를 하고 있는데 그게 조
화를 이루잖니.

M 아… 다성음악이 뭔지 이제 알 것 같아요. 그런데 여전히 궁금해
요. 모든 다성음악을 돌림노래로 만드는 건 아니잖아요. 뭔가 더
많은 기법이 있을 거 같은데 어떻게 다른 선율을 서로 어울리게
만들 수 있죠?

B 그럴 때 필요한 게 바로 대위법(counterpoint)이라는 작곡 기술이
란다. 서로 다른 선율을 어우러지게 만드는 데는 몇 가지 방법이
정해져 있거든. 마치 수학 공식처럼 말이다.

M 작곡을 하는 방법이 수학 공식 같다니…

B 신기하지? 그럼 마지막으로 화성음악에 대한 얘기를 해보자. 다
성음악과 비교해서 알아둬야 하니까 말이다.

M 화성음악요?

B 말 그대로 화음을 고려한 음악이란다. 다성음악은 서로 다른 선
율을 연주하거나 노래한다고 했잖니. 그에 비해 화성음악은 중
심 선율이 하나 있고, 그 선율에 잘 어울리는 화음을 배치해 연
주를 하거나 노래를 부르는 거야.

M 가수가 노래를 부를 때 뒤에 서 있는 사람들이 코러스(corus)를
넣어주는 것처럼요?

B 그래, 맞다.

M 듣고 보니 다성음악과 화성음악은 확실히 다르네요. 다성음악은 각자 개성 있게 옷을 입은 친구들이 함께 손잡고 가는 느낌인데, 화성음악은 임금님의 행차를 뒤따르며 돕는 신하의 느낌이에요.

B 그럴듯한 비유구나. 대위법의 여러 기법들을 배우고 나면 음악에서 개성과 조화를 어떻게 동시에 살릴 수 있는지를 알게 될 거다. 그럼 이쯤에서 내 연주를 들어보도록 할까?

M 어! 진짜로 오르간 연주를 해주시는 거예요?

B 그럼. 약속은 지켜야지.

M 와~ 신난다.

마르코는 바흐 선생님의 푸가 연주를 주의 깊게 듣는다. 바흐 선생님의 오르간은 마치 오케스트라 연주를 하듯 여러 악기의 소리를 혼자서도 화려하게 낸다. 성 토마스 교회를 꽉 채우는 은빛 오르간을 보며 마르코는 자신의 이름을 딴 악기를 갖는다는 게 어떤 느낌일지 상상해본다.

대칭, 궁극의 아름다움

M 이 오르간을 '바흐 오르간'이라고 부른대요.

B 내 곡을 연주할 때 주로 쓴다고 하더구나. 생김새도 구조도 내가 연주하던 것과 비슷하게 만들어놓기는 했구나.

M 그런데 오르간 파이프 중간에 있는 저 상징은 뭐예요? 아까 선

생님의 서명으로 만드셨다고 하셨잖아요.

B 내 서명을 두 번 써서 만들었지. 이 그림을 보면 이해가 쉽겠구나.

바흐의 이니셜로 만든 상징

M 오~ 되게 멋지네요. 상징 위로 왕관도 씌워 놓았는데요?

B 내 이름 요한 제바스티안 바흐의 이니셜 JSB가 보이니?

M 왼쪽과 오른쪽에 서로 대칭이 되게 써놨잖아요.

B 왼쪽과 오른쪽 이니셜은 서로 거울 대칭이거든. 그걸 한꺼번에 같이 쓰면 가운데 상징이 된단다.

M 그렇게 만들어진 거군요. 두 이니셜을 거울 대칭으로 쓰신 이유가 있을 거 같은데요?

B 말했잖니. 내가 대칭을 좋아한다구.

M 대칭을 왜 그렇게 좋아하세요?

B 나만 좋아하는 게 아니던데? 너도 여기 성 토마스 교회의 외관을 보면서 대칭이라 멋지다고 말하지 않았니.

M 저는 뭔가 건물의 균형감이 느껴져서 그렇게 말했던 거구요.

B 그게 바로 대칭의 매력이란다. 신이 추구하는 자연의 원리지.

M 신이 추구하는 원리요?

B 그럼. 주변을 한번 둘러봐라. 수많은 대칭들을 찾아볼 수가 있을 거다. 대칭이 그렇게 흔하게 관찰되는 데에는 다 그만한 이유가 있는 거야.

M 대칭이 흔한 이유라…

B 음악이 그렇듯 대칭도 하나의 언어거든. 형태로 통하는 언어라고 할 수 있겠구나.

M 형태로 통한다면 말이 필요 없겠네요.

B 소리나 색깔이 없어도 통하는 언어지. 꿀벌을 예로 들어볼까?

M 꿀벌요? 저 벌집이 육각형인 이유를 알아요. 최소한의 재료로 가장 넓은 공간을 확보하기 위해서 육각형 형태의 집을 짓는 거잖아요. 그런데 그게 언어는 아니지 않나요?

B 벌집 모양도 대칭의 훌륭한 예구나. 그런데 내가 얘기하려는 건 꿀벌이 꿀을 구하는 과정에서 사용하는 언어란다. 꿀벌은 색맹이거든. 게다가 시야도 아주 좁아.

M 벌은 색을 못 봐요?

B 그래. 그렇지만 꿀을 얻는 데는 아무런 지장이 없어. 벌은 꽃의 모양을 보면서 꿀이 많은지 적은지를 판단하거든.

M 꽃의 모양만 보고 꿀의 양을 어떻게 알아요?

B 완벽한 대칭을 이루는 꽃일수록 더 많은 꿀을 가지고 있다고 하는구나. 벌들은 본능적으로 그걸 알고 있고. 꽃의 모양이 오각형이든 육각형이든 색이 빨강이든 노랑이든 상관없이 대칭성이 뛰어난 꽃들을 향해 가게 되어 있는 거야.

M 아… 완벽하게 대칭인 꽃일수록 꿀이 많군요. 그렇다면 꽃들은

보다 대칭적인 형태를 갖기 위해 노력하겠네요. 그래야 꿀벌이 찾아오고 씨앗도 퍼트려줄 테니까요.

B 꿀벌도 마찬가지 노력을 하겠지? 대칭을 잘 알아봐야 꽃을 찾고 꿀을 얻을 수 있으니까.

M 꽃은 대칭을 통해 꿀벌을 유인하고 꿀벌은 대칭을 보며 꿀을 찾고… 꿀벌과 꽃은 정말 대칭이라는 언어로 소통을 하는군요. 신기한데요?

B 그런데 말이다. 대칭이란 게 그렇게 쉽게 얻어지는 성질이 아니야. 아름다움이란 건 사치와 같아서 좋은 환경에서 잘 자라난 꽃들만이 균형 잡힌 아름다움을 갖출 수 있거든.

M 척박한 환경에서는 꽃의 형태도 비대칭적일 가능성이 크다는 말씀이시군요. 꿀벌도 좋은 환경에서 태어나야 건강한 몸, 좋은 시력을 갖을 수 있겠는데요?

　　꽃도 꿀벌도 살아남기 위해 참 열심히 노력하고 있었군요.

B 지금은 꿀벌의 예를 들었지만 다른 예도 얼마든지 찾을 수 있단다. 아까 말했듯이 대칭은 자연을 이루고 움직이는 생존의 원리이자 언어거든.

M 맞다! 동물들의 생김새도 대칭을 이루잖아요. 그것도 생존과 관계있는 거 같아요. 몸이 대칭으로 생겨야 더 빨리 달릴 수 있잖아요. 빨리 달려야 먹이를 잡을 수 있고, 빨리 달려야 도망도 갈 수 있죠. 그러니까 대칭인 몸은 살아남기 위해 꼭 필요한 요소인 거예요.

B 몸이 비대칭이면 뒤뚱거리면서 뛰게 되니까 빨리 달릴 수가 없

겠구나. 그러다 보면 먹이를 놓치거나 잡아 먹힐 수 있겠지. 그러니 동물들도 살아남기 위해서는 대칭적인 몸을 만들어야 할 것 같구나.

M 그렇다면 동물들의 몸은 보다 대칭적인 형태로 진화하겠네요.

B 그렇겠지? 그게 바로 자연의 섭리니까.

M 대칭이라는 비밀의 언어가 동물과 식물들의 삶을 좌우한다니… 놀랍네요.

B 그러니 그 비밀을 들여다본 적이 있는 사람들은 대칭의 매력에 빠질 수밖에 없겠지. 나 역시 음악의 아름다움 속에 숨겨진 대칭을 발견한 사람인 거고.

바흐의 숫자

M 음악 속 대칭은 어떤 거예요?

B 그 얘기가 궁금하다면 숙소를 가야겠는데?

M 숙소에 갈 시간이군요.

B 가기 전에 비밀을 한 가지 더 말해줄까?

M 비밀이 뭔데요?

B 내 상징 속에 내가 좋아하는 숫자들을 잔뜩 숨겨놓았단다.

M 어디요? 아무리 봐도 숫자는 안 보이는데요?

B 네가 왕관 같다고 말한 그 부분에서 뾰족 솟아 나온 부분이 몇 개인지 세어보거라.

M 일곱 개인데요.

B 제일 가운데 봉긋 솟은 부분은 꽃처럼 생겼잖니. 그 꽃의 꽃잎도 세어보겠니?

M 그게 꽃잎이라면 꽃잎은 세 개겠네요.

B 또 뭐 안 보이냐?

M 왕관 테두리에는 점선처럼 다섯 개의 짧은 선들이 있어요. 그런데 그 숫자들에 어떤 의미가 있어요?

B 내가 좋아하는 숫자라니까. 3은 삼위일체를 연상시키지. 7은 하느님이 천지를 창조하는 데 걸린 날들을 떠올리게 하고.

M 그럼 5는요?

B 예수님이 십자가에 못 박혔을 때의 상처가 다섯 군데였단다.

M 숫자마다 어떤 의미를 넣는 걸 좋아하시나 봐요. 마치 수학자 피타고라스처럼요.

B 내 숫자가 뭔지 아니?

M 선생님의 숫자가 있어요?

B 그럼. 내 숫자는 14란다. 내 제자가 설립한 음악협회에 가입할 때도 기다렸다가 딱 열네 번째 멤버로 들어갔는걸.

M 꼭 야구선수가 자기 등 번호를 말하는 것 같네요. 그런데 14가 왜 선생님 숫자예요?

B 내 이름을 숫자로 바꾸면 14거든. 알파벳에 순서대로 번호를 매기고 내 이름을 계산해봐라. 그럼 B는 2, A는 1, C는 3, H는 8이니까 다 합하면 14가 돼.

M 그렇다면 제 이름도 계산할 수 있겠는데요?

　　(계산하고 나서) 지금부터 50은 제 숫자입니다. 건들지 마세요.

B 허허~ 녀석. 알았다.

M 이제 가실까요?

　마르코와 바흐 선생님은 숙소를 찾아 짐을 푼다. 짐 속에서 무언가를 열심히 찾던 바흐 선생님은 종이 뭉치와 고무장갑, 물감을 챙겨 탁자로 향한다.

손바닥 찍기 놀이로 배우는 대위법

M 이게 다 뭐예요?

B 뭐긴 뭐냐. 너에게 작곡의 기본인 대위법의 원리를 가르쳐주기 위한 물건이지.

M 고무장갑이랑 물감으로 대위법을 배운다구요?

B 그렇다니까. 어서 통에 물이나 받아오거라.

M (어리벙벙한 표정으로) 네.

B 지금부터 손바닥에 물감을 묻히고 종이 위에 찍을 거란다.

M 어! 재미있겠네요?

B 단, 내가 알려주는 원칙과 순서에 맞게 잘 찍어야 해.

M 알겠어요. 어떤 원칙을 지켜야 하는데요?

B 손가락 끝이 왼쪽이나 오른쪽을 향하도록 찍어야 한단다. 위나 아래로 향하지 않게 말이지.

M 한 손을 기준으로 180도 회전만 하라는 거죠?

B 그렇지. 90도나 270도 회전은 하면 안 된단다. 그리고 두 손을 이용해서는 뒤집어진 모양을 표현할 거야.

M 왼손을 뒤집으면 오른손과 모양이 같아지니까 서로의 손바닥을 이용해서 뒤집힌 모양을 나타내라는 말씀이시군요.

B 말 길을 척척 알아듣는데?

M 루이스 캐럴 선생님을 찾아갔을 때 거울 놀이를 좀 해봤거든요.

B 그렇구나. 그럼 먼저 왼손에만 물감을 묻혀봐라. 한 손을 두 번 찍었을 때 어떤 모양이 나올 수 있는지를 찾을 거란다. 두 칸이 그려진 표를 여러 개 준비했으니까 거기에 찍으면 된다. 각각 다른 모양이 되도록 말이다.

M 한 손을 두 번 찍으라구요? 너무 쉬운 거 아닌가요? 그냥 똑같이 이렇게 찍으면 되잖아요.

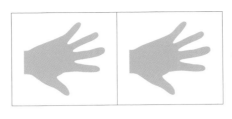

평행이동

B 잘했다. 똑같이 생긴 손 2개를 이용해서 반복을 표현했구나. 음악에서도 저런 식으로 같은 구간을 똑같이 반복할 수 있거든. 약간의 변형을 통해 모방(imitation)을 할 수도 있고.

M 수학에서는 저런 걸 '평행이동'이라고 하는데 음악에서는 '반복' 이나 '모방' 같은 용어를 사용하는군요.

B 아무래도 음악에 사용하는 용어니까 수학하고는 조금 다르겠지? 의미 자체는 네가 아는 것과 크게 다르지 않을 거다.

M 앞에서 나온 악보의 어떤 부분을 비슷하게 따라하는 게 '모방'이라면… 아까 말했던 돌림노래가 모방 아닌가요?

B 맞다. 돌림노래 즉, '카논'은 변형 없이 그대로 따라하는 기법이야. 따라하는 방법도 여러 가지가 있거든. 앞에 제시된 부분을 똑같이 따라할 수도 있고, 특징적인 부분만을 강조하면서 반복할수도 있어. 2배 늘리거나 반으로 줄이는 방식으로도 따라할 수도 있지.

M 모방하는 방법이 참 많네요.

B 그런 의미에서 카논은 반복이라는 가장 간단한 대위법을 사용한다성음악이라고 할 수 있겠구나.

M 저는 그냥 돌림노래라고만 알고 있었는데 그게 대위법이 들어간 다성음악이었다니… 새롭게 알게 되었네요.

B 그럼 계속해서 손바닥 찍기를 해볼까? 왼손만 이용해서 아까와는 다르게 찍어봐라.

M 이번에는 180도 회전을 해서 찍어볼게요.

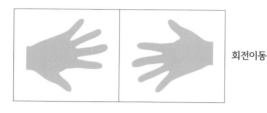

회전이동

B 잘했구나. 사실 '회전'은 일반적인 대위법에는 잘 등장하지 않는 방법이야. 그런데 나는 그 '회전'이라는 방법도 사용했었단다.

M 악보에서 일정 구간을 저렇게 회전시켜서 다시 그려도 음악이 되는 거예요?

B 되고말고. 이번에는 오른손에도 물감을 묻혀서 두 칸을 채워봐라. 지금까지의 그림과 다르도록 말이다.

M 오른손을 이용하면 거울로 반사된 형태를 표현할 수 있으니까 이렇게 찍을 수 있겠네요.

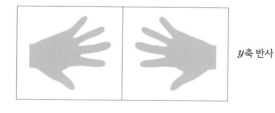

y축 반사

B 지금 네가 찍은 모양은 가운데 세로축을 기준으로 뒤집힌 모양이구나.

악보를 저렇게 뒤집힌 형태로 그린 것을 음악에서는 역행 (retrograde)이라고 한단다. 반진행이라고 생각해도 되겠구나.

M 반대로 진행시킨다는 뜻인가요?

B 그렇지.

M 그런데 꼭 이렇게 두 칸만 찍어야 하나요? 저는 더 많이 찍고 싶은데요.

B 그럼 지금부터 4칸을 채워볼까? 오른손과 왼손을 동시에 사용해서 말이다.

M 야호~ 그럼 앞에서 찍었던 방법을 생각하면서 순서대로 찍어볼게요.

먼저 왼손과 오른손을 나란히 찍으면 x축 반사가 생겨요. 그걸 앞으로 밀면서 평행이동을 하면 이렇게 되구요.

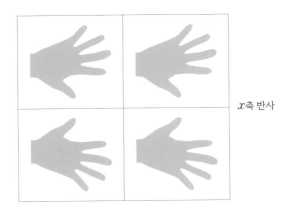

x축 반사

B 잘했구나. 왼손과 오른손을 나란히 찍었을 때 생기는 x축 반사를 음악에서는 전위(modulation)라고 부른단다. 음악용어가 좀 생소할 텐데 네가 사용하는 용어와 함께 써가며 얘기하다 보면 좀

익숙해질 거다.

M 네. 알겠어요. 그리고 저 또 다른 방법으로도 찍을 수 있을 거 같아요. 아까처럼 왼손과 오른손을 나란히 찍은 다음 180도 회전해서 찍으면 이렇게 되거든요.

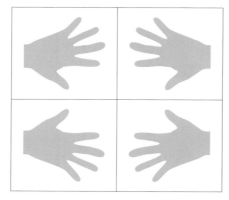

x축, y축 반사

B 전위에 역행이 추가되었구나.

M (빤히 쳐다보다가) 신기한데요? 저는 x축 반사가 있는 양손 그림을 180도 회전시켜서 찍었을 뿐인데 결과적으로 y축 반사가 추가되었어요.

B 어떻게 그런 결과가 나왔을까?

M 가만 보니까 x축 반사를 한 다음 y축 반사를 하면 180도 회전이 되네요.

y축 반사를 먼저 하고 x축 반사를 해도 결과는 마찬가지예요. 그러니까 x축 반사를 한 다음에 180도 회전을 하면 y축 반사라는 성질이 자동으로 따라오게 되는 거예요.

B 녀석. 또 수학적 호기심이 발동했구나.

그런데 나는 마지막 변형 방법을 얘기하고 싶은데 어쩌지?

M 아직도 변형 방법이 남았어요?

B 나만의 방법이 더 있었거든. 이를테면 이런 방법 말이다.

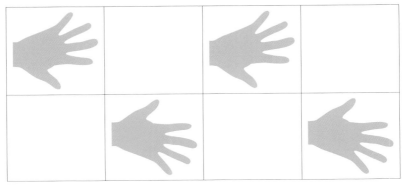

미끄럼반사

M 두 손을 앞으로 가면서 지그재그로 찍는 방법이네요. 저런 방법
   을 수학에서는 미끄럼반사라고 해요.

B 너는 그런 용어를 어떻게 그렇게 잘 아는 거냐?

M 판화가 에셔 선생님이 가르쳐주셨어요.

B 거참 신기하구나. 음악과 미술의 기법들이 또 이렇게 이어지다
   니 말이다.

M 맞다! 에셔 선생님이 그러셨거든요. 판화에 사용하는 반복의 기
   법이 선생님 음악 속에도 들어 있는 것 같다구요. 지금 보니까
   맞는 말이었네요.

B 그 에셔라는 판화가는 음악의 구조를 들을 줄 아는구나.
   여하튼 저런 기본적인 변형 방법들을 이용해서 작곡을 하는 것
   이 바로 대위법이란다.

M 아까 점과 점을 대응시키듯이 음표를 대응시키는 게 대위법이라고 하셨잖아요. 그럼 저 손바닥을 악보의 어느 한 부분이라 생각하고 그다음 손바닥 부분에 악보들을 대응시켜 그려 넣으면 되는 건가요?

B 바로 그렇지.

M 오~ 저 방법들을 결합하면 엄청 많은 작곡법이 나오겠는데요? 예를 들면, 이런 식의 조합도 만들어낼 수 있을 테니까요.

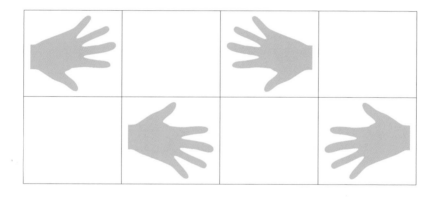

B 이론적으로는 그렇지. 그렇지만 작곡에서 가장 중요한 것은 서로 다른 성부 간의 조화이기 때문에 아무렇게나 조합을 할 수는 없단다. 잘 어울리는 조합을 찾아 작곡을 해야 하거든. 대위법에서는 음과 음 사이의 간격이 중요해. 간격을 잘 지키지 않으면 음끼리 부딪히거나 불협화음이 날 수 있기 때문이지.

M 부딪히지도 않으면서 잘 어울리는 화음이 나도록 만들어야 한다니… 보통 까다로운 일이 아니겠네요.

B 그래서 바로크 시대에는 대위법 사용에 엄격한 규칙이 있었단

다. 그 규칙을 벗어나서 작곡을 한다는 건 생각하지 못했지.

M 그런데 선생님은 아까 잘 사용되지 않는다던 회전이나 미끄럼반사를 사용했다고 하셨잖아요. 그럼 그 엄격한 규칙에 도전장을 던지신 건가요?

B 그게 내 주특기잖니. 모두가 따르고 있는 그 엄격한 규칙을 벗어나서도 얼마든지 멋진 음악을 만들 수 있다는 걸 푸가(Fugue)라는 장르로 보여주고 싶었단다. 가능한 모든 시도를 해보고 싶었지.

M 사람들이 잘 모르고 사용하지 않는 대위법들을 찾아서 보여주려고 하신 거예요? 그 말씀을 들으니까 평균율의 가능성을 보여주겠다며 《평균율 클라비어곡집》을 만드신 이야기가 다시 떠오르네요. 뭐든 시작하면 끝을 봐야 직성이 풀리시는군요.

B 궁금하잖니. 대위법의 규칙에는 어떤 것들이 있는지, 어디까지 적용 가능한지 말이다. 직접 해봐야 알 수 있는 것 아니겠니?

M 하여간 못 말리십니다.

B 너도 한번 해보면 그 재미에 빠질 거다.

푸가, 반복에서 피어난 자유

M 도대체 '푸가'가 뭐예요? 용어가 낯설어요.

B '푸가'라는 말은 '도망가다'라는 뜻의 라틴어에서 왔거든. 말 그대로 도망가는 주제를 다른 선율들이 쫓아가는 것처럼 만든 음악을 말한단다. 그러려면 먼저 하나의 주제가 제시되어야 해. 그런 다

음 다른 성부에서 그 주제를 모방하고, 또 다른 성부에서 또 다른 방식으로 모방하면서 주제가 반복되고 이어지는 거란다.

M 음악이 되게 복잡하겠네요.

B 복잡해 보이지만 잘 들어보면 재미있어. 음악에 어떤 규칙이 적용되었는지가 들리거든. 마치 수학 공식처럼 대위법을 사용해서 짜 맞춰진 음악이니까.

이렇게 이해해보면 어떨까? 대위법은 색실을 가지고 패턴이나 그림을 짜 넣는 직물 공예와 같은 거야. 전체를 보면 하나의 큰 그림처럼 보이지만 그 안을 들여다보면 각각의 실이 자신만의 고유한 색을 유지하며 짜임새를 유지하고 있는 거지. 대위법으로 짜여진 다성음악도 마찬가지란다. 각각의 선율이 마치 색실처럼 자신만의 색깔과 패턴을 유지한 채 전체 음악을 구성하니까.

M 그러니까 푸가라는 음악을 들을 때는 전체적인 음악의 흐름 속에서 각각의 선율이 어떻게 연주되는지를 들을 수 있다는 거군요. 색실을 하나하나 풀어가듯이 말이죠.

B 일종의 패턴 놀이라고도 할 수 있겠구나. 색실을 어떻게 짜느냐에 따라 수만 가지 패턴이 나오는 것처럼 음악도 그렇거든. 같은 선율이라도 어떻게 조합하느냐에 따라 다른 음악이 될 수 있어.

M 조합의 방법에 따라 큰 그림의 완성도나 아름다움도 달라지겠네요.

B 그게 바로 기술이고 능력인 거지.

M (망설이며) 그런데 음악을 그렇게 생각하며 들으라고 하면 사람들이 싫어하지 않을까요? 너무 머리 아플 거 같거든요.

B 그래서 중간에 에피소드라는 부분이 간주로 들어간단다. 음악 전체를 흐르고 있는 규칙에서 자유로운 부분이기 때문에 쫓고 쫓기는 긴장감에서 잠시 해방될 수 있지.

M 쉬어가는 부분까지 빼놓지 않고 넣으셨다니… 정말 치밀하시네요.

B 어쩌면 세상에서 가장 지적인 음악이라고도 할 수 있겠구나. 하나하나 분석하고 따지면서 논리적인 구성을 즐기는 음악이니까.

M 잠깐만요. 지금 갑자기 떠오른 생각이 있어요.

B 무슨 생각?

M 아까 바로크 시대에는 푸가를 만드는 대위법이 엄격하게 정해져 있었다고 하셨죠? 그런데 선생님은 그 한계를 벗어나서 다양한, 아니 가능한 모든 방법을 시도해서 보여주신 거잖아요.

B 그렇지.

M 지금 보니 선생님을 음악의 아버지라고 부르는 데는 또 다른 이유가 있었네요.
사실 평균율의 가능성과 편리함을 보여주신 것만으로도 충분할 것 같은데, 그게 끝이 아니었던 거예요. 푸가라는 장르를 통해 체계적이면서 논리적인 작곡의 세계를 다음 세대에게 가르쳐주신 거죠.

B 그렇다고 할 수 있지. 그런데 요즘에는 다성음악보다 화성음악이 널리 사용되고 있는 것 같더구나. 알고 보면 다성음악과 화성음악은 별개의 것이 아니거든. 다성음악에서도 화음은 중요하니까. 반대로 화성음악에서도 대위법적인 선율들은 지나갈 수 있고.

M 서로 부족한 부분을 메꿔주는 역할을 하나 봐요.

B 화성은 수직적이고 선율은 수평적이거든. 음악에 따라 화성적인 선율이 강할 수도 있고, 대위적인 선율이 강할 수도 있지만 그 둘은 서로 균형과 조화를 이뤄야 해. 그래야 완성도 높은 음악이 만들어지니까.

M 씨실과 날실처럼 수평과 수직이 조화를 이뤄야 한다는 거죠? 그래야 멋지게 직조된 양탄자처럼 조화로운 음악이 탄생할 테니까요. 듣자 하니 선생님을 '푸가의 대가'라고도 부르던데 도대체 푸가를 얼마나 잘 만드셨던 거예요?

B 어떤 주제를 제시하더라도 즉석에서 푸가를 만들어낼 수 있었지.

M 우아!

B 다른 사람들이 작곡한 음악에서도 주제 부분을 들으면 바로 다음에 어떤 응답이 올지, 또 어떤 대응 주제가 올지 맞힐 수 있을 정도였으니까.

M 정말 수학 공식처럼 답이 정해져 있나 보네요.

B 주제 선율과 가장 잘 어울릴 만한 대위법을 선택하는 건 답지가 몇 개 없는 수학 문제와 비슷하거든.

M 그렇다면 다른 작곡가들도 선생님과 같은 답지를 선택할 수 있겠는데요?

B 내가 예상한 대로 음악이 흘러가면 아주 짜릿하단다. 일전에 아들 에마누엘과 음악회에 앉아 있을 때도 그랬어. 옆구리를 쿡 찌르며 내 답이 맞다는 걸 확인시켜줬지.

M 음악이 수학 공식 같다는 게 놀랍네요.

B 내 음악에 그 공식이 어떻게 적용되었는지 궁금하지 않니?

M 궁금하죠. 제가 찍었던 손바닥 안에 어떤 음표들이 채워졌을지, 또 어떻게 모방되면서 연주되는지도 듣고 싶어요.

B 떠나기 전에 들어봐야겠지?

M 벌써 내일이 여행 마지막 날인가요?

B 그렇게 되었구나. 내일은 이곳 라이프치히의 또 다른 교회에 들러서 그 얘기를 해보자꾸나.

M 알겠어요. 선생님과 지내며 음악에 눈을 뜨는 것 같아요.

B 당연히 그래야지.

열악한 조건과 처우에도 불구하고 자식들의 교육을 위해 라이프치히를 선택한 바흐 선생님. 부모로서뿐만 아니라 음악가로서, 교육자로서 언제나 최선을 다해 사는 모습을 보며 마르코는 자신의 삶을 되돌아본다. 그리고 끝을 알 수 없는 바흐 선생님의 열정과 업적을 보면서 신이 한 인간에게 준 능력의 한계치는 도대체 어디까지일까 생각해본다. 이제 하루밖에 남지 않은 여행을 보다 알차게 마무리하기 위해 마르코는 바흐 선생님에 관한 영상을 열심히 찾아본다.

부활하는 바흐

TICKET

in 라이프치히

Ricercar a 3

J.S. Bach (BWV 1079)

여행의 마지막 날 아침.

마르코는 새가 지저귀듯 귓가를 간지럽히는 감미로운 플루트 소리에
잠을 깬다. 하프시코드나 바이올린과는 또 다른 플루트 음색. 마르코는
플루트 연주의 달콤함에 취해 공기를 타고 흐르는 음표들을 따라 이끌
리듯 이불 밖으로 나간다.

〈음악의 헌정〉

M 이 음악은 뭐예요? 플루트 소리가 듣기 좋아요.

B 〈음악의 헌정〉(Musical Offering)이란다. 프리드리히 대왕을 위해 만든 곡이지.

M 그냥 왕도 아니고 대왕이라니… 엄청 대단한 분이었나 봐요.

B 그럼. 최초의 계몽군주라고 불리던 분이니까. 군림하려던 당시의 많은 군주들과 달리 프리드리히 대왕은 자신을 심부름꾼이라고 말했거든.

M 왕들이 '짐은 곧 국가다'라고 하던 시대에 '짐은 심부름꾼이다'라고 했다는 거군요. 좀 파격적인데요?

B 대왕께서는 사상의 자유를 넘어 종교의 자유까지도 보장하려 하셨어. 생각만 앞서가신 게 아니라 능력도 출중하셨지. 군사적, 학문적 능력은 물론 음악적 재능까지 말이야.

M 음악적으로도요?

B 플루트를 참 좋아하셨거든. 매일 밤 실내 연주회를 열면서 독주곡이나 협주곡을 연주할 만큼 실력이 좋으셨어.

M 대왕님과 가까우셨나 봐요.

B 프리드리히 대왕이 내 둘째 아들 에마누엘의 고용주였거든. 왕을 위해 하프시코드를 연주하는 게 내 아들의 역할이었어.

M 혹시 직접 만나신 적도 있어요?

B 있었지. 대왕께서 나를 초대해달라고 아들에게 여러 번 부탁하셨거든. 사실 나는 바빠서 가지 않으려 했는데, 마침 아들 녀석이

손주를 낳았지 뭐냐. 그래서 겸사겸사 가게 되었지.

M 아니, 대왕님이 초대를 했는데 어떻게 안 갈 생각을 해요?

B 당시에 내 눈의 상태가 좋지 않았거든. 나이 때문에 장거리 여행도 쉽지 않았고.

M 그때가 언제였는데요?

B 내가 62살이었으니까 1747년이었겠구나. 혼자 갈 자신이 없어서 첫째 아들 프리데만을 데리고 갔지. 그런데 내가 국경 초소를 통과하자마자 도착했다는 소식이 왕에게 전해진 모양이더구나. 도착하기가 무섭게 궁으로 불려갔거든.

M 크~ 대왕님이 눈 빠지게 기다리셨나 봅니다.

B 그랬던 거 같다. 입고 간 칸토르 복장을 갈아입을 시간도 없이 바로 궁으로 달려갔으니까. 가자마자 나를 이 방 저 방으로 데리고 다니면서 시범 연주를 시키시더구나.

M 어떤 악기를요?

B 당시에 질버만이라는 유명한 악기 장인이 있었는데 그 사람이 포르테피아노라는 악기를 새롭게 만들었거든. 왕은 그 악기가 무척 마음에 드셨던 모양이야. 모두 사들이겠다며 15대나 구입을 했으니까. 그러고는 그걸 나에게 감정해달라고 한 거지.

M 그 포르테피아노들을 일일이 평가하신 거예요?

B 즉흥연주를 하면서 악기의 상태를 점검하고 상세하게 말씀드렸어. 음이 정확하고 소리가 좋은지, 손가락의 움직임에 건반이 부드럽게 반응하는지 등을 하나하나 확인하면서 말이다.

M 만약 연주했는데 악기 상태가 안 좋으면 어떡해요? 왕이 좋아하

프리드리히 대왕 앞에서 연주하는 바흐

는 악기니까 그냥 좋다고 말해야 하나요?

B 그럴 수는 없지. 악기에 대한 나의 감정은 언제나 엄격하고 공정하거든. 나쁜 악기를 좋다고 칭찬할 수는 없는 노릇이야.

M 에효… 왕 앞에서도 따박따박 옳은 얘기를 하셨겠네요.
세상 공정하신 우리 바흐 선생님…

B 당연하지. 내 양심을 걸고 하는 일이니까.

M 네네~ 잘 알겠습니다. 그나저나 대왕님은 악기 감정을 부탁하려고 몸도 안 좋은 선생님을 그 먼 곳으로 부르신 거예요?

B 내 연주를 듣고 싶은 목적도 있으셨던 것 같다. 내가 오면 연주를 부탁하려고 주제 선율도 미리 만들어놓으셨더구나.

M 대왕님이 만드신 주제 선율은 어땠어요?

B 글쎄다. 좋았다고 말하긴 좀 어렵겠구나. 푸가로 만들기에는 적절치 않을 만큼 어렵고 복잡한 주제였거든.

M 선생님을 시험해보려는 의도 아니었을까요? 그렇게 유명하다는데 실력이 어느 정도인지 한번 두고 보자, 뭐 그런 생각으로요. 아니면 골탕 먹이려는 의도였을 수도 있어요. 대왕님이 부르시는데 여러 번 퇴짜를 놓고 감히 안 갈 생각을 하셨잖아요.

B 대왕님께 찍혔던 건가? 그게 정말 테스트였다면 1차는 성공적으로 통과를 했구나. 즉석에서 3성 푸가를 연주해드렸으니까. 그런데 연주를 듣던 왕이 나에게 같은 주제로 6성 푸가를 연주해보라고 하시던걸.

M 거봐요. 시험 맞잖아요.

B 단단히 찍혔던 모양이구나.

M 그런데 잠깐만요. 3성부라는 건 악보에서 리듬이 다른 선율이 3개 있는 거잖아요. 6성부면 6개의 서로 다른 선율을 연주하라는 거예요? 손가락 10개로 6개의 선율을 연주하는 게 가능한 일이에요?

B 가능은 하지. 물론 쉽지는 않아. 그래서 시간을 달라고 했단다. 즉흥연주를 할 수 있을 만큼 쉬운 주제가 아니었으니까.

M 그렇지만 결국은 해내셨겠죠?

B 라이프치히로 돌아가서 완성을 했단다. 그리고 왕에게 보내드렸지. 〈음악의 헌정〉이라는 이름으로 말이다.

M 아… 그렇게 헌정된 음악이었군요.

B 시간 될 때 다시 들어보려무나. 각각의 선율이 어떻게 연주되는지를 분석하며 들으면 더 좋을 거다. 그게 바로 푸가의 매력이니까.

M 안 그래도 노력 중이에요. 서로 다른 선율이 한꺼번에 연주되는데도 부딪히지 않고 어울린다는 게 점점 신기하게 들리고 있거든요.

B 음악 듣는 방법을 알아가고 있구나. 그럼 이제 슬슬 나가볼까?

M 좋습니다.

마르코와 바흐 선생님의 발길은 성 니콜라이 교회(Nikolaikirche)로 향한다. 성 니콜라이 교회는 어제 보았던 성 토마스 교회와는 사뭇 다른 이국적인 느낌이다. 푸른 줄기 모양 장식이 천장까지 뻗어 올라가며 꽃과 잎을 틔운 듯 화사하고 아름다운 내부를 바라보며 마르코는 벌린 입을 다물지 못한다.

성 니콜라이 교회

M 바깥에서 볼 때는 몰랐는데 내부로 들어오니까 되게 화려하고 멋지네요. 여기도 선생님이 일하셨던 곳이에요?

B 성 토마스 교회와 함께 가장 신경을 썼던 곳이지. 라이프치히에서 나름 중심이 되는 교회였으니까.

M 그럼 주말마다 두 군데서 연주를 하셨던 거예요?

B 두 군데가 아니야. 지금은 사라졌지만 근처에 있었던 성 베드로 교회와 신교회 등, 라이프치히 시의 모든 교회 음악을 책임져야 했어.

M 몸은 하나인데 어떻게 그 많은 곳을 돌아다니면서 연주를 해요?

B 내가 다 돌아다닐 수 없으니까 합창단을 여러 팀으로 나누어서 주일 예배에 보냈지. 나는 성 토마스 교회와 성 니콜라이 교회를 번갈아 가면서 지휘와 연주를 했고.

M 정말 바쁘셨겠어요. 라틴어 수업에 학생들 합창 지도도 하시고, 작곡을 하시면서 예배 때마다 교회 연주와 지휘까지 하셨으니.

B 그뿐이냐? 악기와 악보 관리도 칸토르가 할 일이거든.

M 그 많은 일을 혼자 다 하시다니…

B 매주 쫓기듯 살았단다. 무슨 일이 있어도 토요일까지는 작곡을 완성해야 했거든. 그래야 총연습을 한 번이라도 한 다음 일요일 예배에 공연을 올릴 수 있으니까.

M 도대체 일주일을 어떻게 사신 거예요?

B 월요일에는 칸타타에 쓰일 성경 구절을 선택한단다. 동시에 살아 있는 음악으로 만들기 위해 작곡의 구성도 고민해야 하지. 다음 날부터는 떠오르는 악상을 직접 쳐가며 악보에 적어 내려가

야 해. 합창과 아리아, 마무리 코랄 등의 형식에 맞추어 악보가
완성되면 그 길로 바로 복사를 시작한단다.

M 사람 수만큼을 일일이 손으로 그려야 하는 거죠?

B 악기에 따라 연주하는 파트를 따로따로 복사해야 하지. 그렇게
악보 복사를 마치고 나면 전체 리허설을 해야 하거든. 그런데 매
번 시간이 부족해서 한 번 정도 맞춰보고 바로 일요일 아침 8시
공연을 시작했단다.

M 그렇게 정신없이 한 바퀴를 돌고 나면 또 월요일이잖아요. 그럼
또다시 시작해야 하고. 저는 상상할 수도 없는 삶이네요.

B 나만 힘들었던 건 아니야. 나와 함께했던 연주자들이나 합창단
원들도 힘들기는 마찬가지였지. 사실 라이프치히와 맺은 계약에
따르자면 매주 새로운 칸타타를 만들 필요까지는 없었거든.

M 정말요? 그런데 왜 그러셨어요?

B 종교 음악을 제대로 잘 해보고 싶었으니까. 사람들에게 매주 새
롭고 장대한 칸타타 공연을 보여주면서 신의 위대함을 느끼게
해주고 싶었어.

M 또, 또 욕심이 과하셨네요. 함께했던 사람들이 힘들다고 투덜거
렸을 거 같은데요?

B 불만이 있었지. 내가 너무 어려운 기술을 강요하면서 몰아붙인
다는 말들이 나왔으니까. 급기야 내 음악을 비판하는 사람들까
지 생기게 되었단다.

M 누가요?

B 샤이베(Johann Adolph Scheibe)라는 젊은 음악가였어. 그 친구가

《음악비평》이라는 잡지에 내 음악에 대한 비평글을 실었거든.

M 뭐라고 썼는데요?

B 내 작품이 너무 어렵다고 하더구나. 형식이 과장되고 혼란스러워서 자연스럽지 않고, 또 기교를 많이 사용해서 작품의 아름다움이 손상되었다고 그러던걸.

M 선생님 음악을 이해하지 못했던 거 아닐까요?

B 글쎄다. 신세대 음악가의 비평이라 그런지 더 상처가 되더구나. 내 음악이 한물간 취급을 당한 것 같아서 말이지. 다행히 동료 음악가들이 반박을 해주어서 샤이베의 글은 큰 호응을 얻지 못했어.

M 다행이네요. 하여간 그런 말에 흔들리시면 안 돼요. 원래 누군가 잘 나가면 주변에 시기와 질투를 하는 사람이 생기게 마련이거든요.

B 허허~ 녀석. 네 말이 퍽 위로가 되는구나. 그럼 너처럼 나에게 큰 힘이 되었던 또 다른 친구를 만나러 밖으로 나가볼까?

M 힘이 되었던 친구요? 누구였을까요?

B 따라와보면 안다. 그 친구도 나처럼 성 토마스 교회를 떠나지 못하고 있거든.

바흐 선생님을 따라 걷다 보니 얼마 지나지 않아 성 토마스 교회가 보인다. 지금은 천천히 여유 있게 걷고 있지만 300년 전에는 두 교회를 오가기 위해 얼마나 바쁘게 뛰어다니셨을까 하는 생각을 하며 마르코는 선생님을 지긋이 바라본다.

멘델스존과 〈마태수난곡〉

M 저희 다시 성 토마스 교회로 가는 거예요?

B 잠시 그 앞에 있는 작은 공원에 들렀다가 갈 거란다. 그 친구 동상이 거기 있거든.

M 그분이 누군데요?

B 펠릭스 멘델스존(Felix Mendelssohn).

M 어! 선생님 악보를 정육점에서 발견했다던 그분이요?

B 기억력도 좋구나. 멘델스존도 피아니스트이면서 작곡과 지휘를 하던 음악가였어.

M 그분이 선생님께 어떤 도움을 주셨는데요?

B 잊혀졌던 나를 다시 부활하게 해줬단다.

M 잊혀지다뇨? 누가요? 선생님이요?

B 그래. 내가 죽고 나서 내 악보들이 뿔뿔이 흩어진 건 알고 있지? 큰아들인 프리데만이 가장 많은 악보를 유산으로 받았는데, 형편이 어려워지면서 조금씩 팔았다는구나. 그 악보들이 지금 어디에 있는지는 알 수 없고.

M 에구… 너무 안타깝네요.

B 그래도 둘째 에마누엘이 받은 악보들은 베를린 주립도서관에 잘 보존되어 있다는구나.

M 다행이네요. 그런데 멘델스존이 선생님을 어떻게 부활시킨 거예요?

B 지난번에 멘델스존이 발견했다고 했던 그 악보 말이다. 제목이

멘델스존 동상

바흐 동상

〈마태수난곡〉이었거든. 그 곡을 다시 연주해줬어. 이곳 성 토마스 교회에서 내가 연주한 해로부터 정확히 100년 후에 말이다.

M 우와~ 100년 후에 같은 장소에서 같은 곡을 연주했다니. 뭔가 극적인데요?

B 〈마태수난곡〉은 무려 3시간이 넘는 장대한 곡이거든. 십자가를 메고 골고다 언덕을 올라가는 예수의 이야기를 68개의 곡으로 엮은 거니까. 그런데 그 어려운 곡을 멘델스존이 다시 무대에 올린 거야. 다행히 사람들의 반응이 아주 뜨거웠다는구나. 내가 연주했을 때와는 사뭇 다르게 말이지.

M 선생님이 〈마태수난곡〉을 연주할 때는 반응이 안 좋았어요?

B 지금까지 내가 만들었던 음악들과 별반 다르지 않다고 생각했던 것 같아. 아니면 너무 어렵게 느껴졌을 수도 있지. 내가 무리를 했다고 생각하는 것도 같았어. 여하간 큰 반응이 없었단다.

M 정말요?

B 그래. 지금은 〈마태수난곡〉이 바로크 시대의 걸작으로 손꼽히는 모양인데, 그때는 아니었단다. 늦게라도 인정을 받고 있다니 참 감사한 일이지.

M 시대를 앞서가는 예술가는 그래서 참 힘든 거 같아요. 당대에 인정받지 못하고 꼭 나중에 인정받잖아요.

B 영원히 잊혀지지 않은 게 어디냐. 멘델스존이 아니었다면 나는 이름 없는 음악가로 사라졌을 거야. 내 음악 역시 지금처럼 연구되는 일이 없었겠지.

M 멘델스존 덕분에 선생님 음악을 향한 관심이 다시 살아났던 거

군요.

B 지난번 성 토마스 교회에서 본 내 얼굴이 들어간 스테인드글라스 기억하니?

M 그럼요. 제가 단번에 찾았잖아요.

B 그 옆에 멘델스존이 그려진 스테인드글라스도 있단다. 나를 재평가하게 해준 공로도 있지만 그 역시 죽을 때까지 이곳 성 토마스 교회에서 칸토르로 일했거든.

M 라이프치히라는 도시에서 성 토마스 교회는 정말 빼놓을 수 없는 음악의 성지군요.

B 그럼 잠시 내 자료들을 모아놓은 박물관에 들렀다가 교회로 가볼까? 너에게 보여주고 싶은 게 박물관 안에 있단다.

M 네~ 좋아요.

마르코는 박물관에 들어가 바흐 선생님의 오래된 악보와 악기들을 구경한다. 잉크가 번지고 한쪽 귀퉁이가 찢어진 채 전시되어 있는 악보들. 주인을 잃고 여기저기 떠돌아다녔던 흔적들이 잊혀진 바흐 선생님의 시간을 말해주는 것만 같다.

바흐의 초상화

B 여기 있구나. 나의 초상화.

M (초상화와 선생님을 번갈아 보며) 가발만 빼면 지금이랑 똑같으시

바흐의 초상화

네요.

아! 아니다. 표정이 훨씬 온화해지셨네요.

B 허허~ 녀석. 저 초상화를 그렸을 때 내 나이가 61세였단다. 엘리아스 고틀로프 하우스만이라는 화가가 1746년도에 그려줬거든.

M 초상화 속에서도 악보를 들고 계신데요?

B 지난번에 음악협회에 14번째로 가입했다는 얘기를 했었지?

M 네. 14가 선생님의 수라면서 거기에 맞춰 일부러 늦게 들어갔다고 하셨어요.

B 그때 협회에 가입하기 위해서 작곡했던 곡이 바로 저거야.

M 그 음악협회에는 그냥 못 들어가나 봐요.

B 아무나 들어갈 수 없는 단체거든. 회원수도 20명으로 제한되어 있고. 음악이론이나 창작기법 같은 것을 함께 연구하는 목적으로 만든 단체니까 어느 정도 실력이 된다는 걸 보여줘야 하지 않겠니?

M 내로라하는 음악가들만 모였겠네요.

B 그럼. 헨델과 모차르트도 음악협회의 멤버였지.

M 오~ 유명한 분들은 모두 그 협회의 회원이었군요.

그런데 이상하네요. 제목에 숫자 6이 쓰여 있는 걸 보면 분명 6성부인데, 왜 악보에는 세 줄밖에 없죠?

B 그걸 알아보다니 대단한데? 이젠 악보도 제법 잘 보는구나.

M 제가 선생님 수업을 들으려고 밤마다 얼마나 공부를 하는 줄 아세요?

B 허허~ 그랬구나. 네 말처럼 저 악보는 6성부로 만들어졌단다. 그

런데 악보에 3성부만 그린 건 나머지 3성부를 직접 찾으라는 의도야.

M 어떻게요?

B 저 그림을 거울에 비춰보면 되지. 그러면 거꾸로 뒤집힌 3성부 악보가 나오거든. 그 두 악보를 합치면 6성부의 코랄이 완성된단다.

M 어제 알려주신 대위법 중에 전위를 이용해서 나머지 악보를 완성하라는 의미였군요. 결국 초상화에서 대위법 퀴즈를 내신 건가요?

B 그런 셈이지.

M 하여간 못 말리십니다. 그런데…

B 왜 그러냐?

M 이런 질문을 해도 되는지 모르겠지만, 혹시 저 가발은 왜 쓰신 거예요?

B 가발? 그게 그렇게 궁금하냐?

M 네. 어젯밤에 공부를 좀 하려고 〈안나 막달레나 바흐의 일대기〉(Chronik der Anna Magdalena Bach)라는 영화를 봤는데, 거기서도 연주자들이 가발을 쓰고 있었어요. 하얀 털을 뒤집어쓴 양 떼가 악기를 연주하고 노래하는 것 같아서 얼마나 우스꽝스럽던지.

B 그랬구나.

M 〈내 이름은 바흐〉(Mein name ist Bach)라는 영화에서도 다들 가발을 쓰고 있던데요? 심지어 프리드리히 대왕도요.

B 궁금증에 비해 대답은 좀 실망스러울 수 있겠구나. 사실 가발을

쓴 이유는 그게 당시 유행이었기 때문이야. 마치 영국 사람들이 외출할 때 모자를 즐겨 쓰는 것처럼 우리 시대에는 가발을 쓰는 게 유행이었지.

M 일종의 패션 아이템이었던 거네요. 그런데 왜 하필 가발이에요?

B 가발문화의 시작은 프랑스의 국왕 루이 13세 때부터라고 하는 구나. 왕비 때문에 골머리를 앓다가 대머리가 되었다는 소문이 있던데, 그걸 감추려고 쓰기 시작한 게 가발이라는 거야.

M 그게 어떻게 유행이 된 거예요?

B 생각해봐라. 왕은 대머리를 감추기 위해 가발을 쓴 건데 사람들은 왕의 가발을 볼 때마다 대머리를 상상하겠지? 왕이 가발을 쓴 이유를 모두가 알고 있으니까. 그래서 왕이 모든 신하들에게 가발을 쓰라고 명령을 한 거지. 모든 이가 가발을 쓰면 왕의 가발만 쳐다보지는 않을 테니까.

M 아… 왕의 명령으로 모두가 가발을 쓰게 된 거군요.

B 그런데 여러 사람이 가발을 쓰면 그게 또 멋져 보이잖니. 더구나 가발 쓴 사람들이 모두 궁정 사람들이니까 더 멋져 보였겠지? 그럼 또 누가 따라하겠니?

M 귀족들? 궁정에 자주 들락거리는 사람들이니까 왠지 제일 먼저 따라했을 거 같아요.

B 그래, 맞다. 그러면서 점점 더 많은 사람들이 가발을 쓰게 된 거지. 그렇게 유행이 되고.

M 하긴 유행은 따라하기로 생겨나는 문화잖아요. 가발을 쓰면 장점도 많을 거 같아요. 머리를 안 감아도 되고, 머리 모양에 신경

을 안 써도 되고, 또 겨울엔 따뜻할 거 아니에요.

B 여름에 무척 더울 텐데?

M 앗! 그런가요?

M 가발이 유행하면서 디자인이나 품질도 다양해졌어. 돈 많은 사람들은 매일매일 새로운 헤어스타일을 연출하며 가발을 바꿔쓰는 재미에 빠졌지.

M 비싸고 좋은 가발을 쓰는 사람들 어깨에는 힘이 잔뜩 들어가겠는데요?

B 그럼. 지금도 영국에서는 재판을 할 때나 국회에서 회의를 할 때 가발을 쓰잖니. 오래전 유행이 부와 권위를 상징하는 하나의 관행처럼 남아 있는 거란다.

M 그렇군요. 질문을 할까 말까 망설였는데 하길 잘한 거 같아요. 가발의 뒷이야기가 아주 재밌네요.

B 이제 다시 성 토마스 교회로 가볼까? 어제 배운 대위법이 내 악보 속에 어떻게 들어가 있는지 설명해야 하니까.

M 어! 오늘은 숙소에서 안 하고 교회에서 설명하시네요.

B 여기 올 때 받은 초대장을 그새 잊은 거냐? 오늘의 가장 중요한 일정은 바로 바흐 페스티벌이란다. 이따가 함께 가려면 어서 수업을 마쳐야지.

M 오늘이 그날이군요. 바흐 페스티벌이 열리는…

B 그러니 서둘러 가자꾸나.

M 네.

마르코와 바흐 선생님은 교회 안으로 들어와 피아노 앞에 앉는다. 그러고는 미리 준비해둔 〈골드베르크 변주곡〉의 악보를 함께 보며 대위법이 들어간 예들을 찾기 시작한다.

바흐의 음악 속 대위법

B 어떤 악보로 대위법을 찾아볼까 고민하다가 너에게 익숙한 곡이 좋을 거 같아서 〈골드베르크 변주곡〉 악보를 준비했다.

M 좋아요. 저도 여러 번 들어본 곡이니까 악보를 보면서 선생님 연주를 들으면 대위법에 대한 이해가 잘 될 거 같아요.

B 그럼 내가 천천히 〈골드베르크 변주곡〉을 연주할 테니 너는 악보를 보면서 눈으로 따라오거라. 그러다가 대위법이 들어간 부분들을 함께 짚고 넘어가자꾸나.

M 네. 두 눈 크게 뜨고 어제 배운 대위법의 여러 기법을 악보에서 찾아보겠습니다.

B 그 전에 한 가지만 말해두자. 사실 내 음악은 거의 전부 대위법이라고 봐야 하거든. 그래서 일일이 다 설명하기엔 어려움이 있을 것 같구나.

M 그렇다면 저 같은 일반 사람들의 눈에도 잘 띄는 부분만 찾아서 보면 어떨까요?

B 그게 좋겠다. 그리고 대위법을 찾을 때는 음악이 예술이라는 걸 감안해야 한단다. 수학 공식처럼 딱 맞아떨어지지 않을 때가 많

다는 거지. 대위법의 첫 번째 기법인 모방은 음악 전반에 걸쳐 적용되니까.

M 알겠어요. 그럼 〈골드베르크 변주곡〉 중에서 제가 제일 좋아하는 아리아(Aria)부터 연주해주시는 거죠?

B 그래. 그럼 시작해볼까?

아리아의 첫 소절을 시작하는 순간. 마르코는 잠시 숨을 멈추고 피아노의 맑은 선율을 온몸으로 느껴본다. 그런데 이내 멈춰버린 바흐 선생님의 연주.

B 잠시 이 부분을 보자꾸나.

M 아리아의 시작 부분이네요. 설마 시작하자마자 대위법이 있는 거예요?

B 가장 기본적인 기법인 반복과 모방에 대한 얘기를 하려고 그런

〈골드베르크 변주곡 아리아〉

단다.

M 반복과 모방이요?

B 그래. 시작 부분의 첫 두 마디와 두 번째 소절의 첫 두 마디를 비교해봐라. 아주 비슷해 보이지?

M 그러네요. 음만 4도 낮아졌지 정말 똑같아요.

B 앞으로 악보를 보다 보면 이렇게 음만 달라진, 같은 구간이 수없이 나타날 거야. 반복과 모방은 가장 기본적인 대위법이라 아주 흔하게 쓰이거든.

M 평행이동처럼 보이는 부분은 일단 건너뛰며 볼게요. 너무 자주 나올 테니까요.

B 그럼 연주를 계속해볼까?

마르코는 혹여 선생님이 연주하시는 부분을 악보에서 놓칠세라 잔뜩 긴장하면서 연주를 듣는다. 그러다 갑자기 선생님께 연주를 멈춰달라는 신호를 보낸다.

M (숨을 고르며) 잠시만요.

B 내 연주가 너무 빠르냐?

M 아니요. 그게 아니라 제가 뭔가를 들은 거 같아서요.

B 그래? 뭘 들었는지 말해보겠니?

M 콕 집어서 '여기다'라고 말하긴 어려운데 반복이나 대칭되는 느낌의 소리가 자꾸만 들리는 거 같아요.

B 그럼 악보를 보면 되잖니.

M 사실 저 같은 사람들에게는 악보도 잘 안 보이거든요. 정확히 대위법인지 아닌지를 판단하기가 참 어려운 거 같아요.

B 그런데도 대칭의 소리를 잘 구분해서 들었구나.

M 선생님 말씀처럼 생각하며 들으려니까 여간 힘든 게 아니네요.

B 그래도 그냥 들을 때보다 재미있지 않니?

M 그런 것 같기도 하고 아닌 것 같기도 한데…
혹시 여기를 한번 봐주실래요? 악보에서 여기는 확실히 대위법 같거든요.

〈골드베르크 변주곡 8번〉

B 방금 연주한 8번 변주곡이구나. 전위의 예를 아주 잘 찾았는데?

M 전위면 x축 반사잖아요. 저 둘은 같이 연주되는 부분인데 위와 아래 악보가 뒤집어진 것처럼 보여요.

B 이 부분을 다시 연주해볼 테니 잘 들어봐라. 낮은 음은 높은 음과 높은 음은 낮은 음과 매칭되어 연주되는데도 자연스럽게 들릴 거다.

M (연주하는 모습을 보며) 손의 움직임도 대칭적이네요. 양손이 멀리서 다가와서는 만났다가 엇갈렸다가 다시 제자리로 돌아가잖아요.

B 음악을 연주하는 사람은 음표의 대칭을 누구보다 잘 느낄 수 있

지. 음표의 위치가 곧 손가락의 위치니까.

M 연주하는 모습과 악보를 동시에 보니까 음악이 더 잘 느껴지는 거 같네요.

B 사람들이 음악을 듣기 위해 연주회를 찾아오는 이유가 그런 거 아니겠니?

M 맞아요. 그리고 정말 신기한 거 같아요. 데칼코마니처럼 뒤집어서 악보를 그렸는데도 어울리는 소리가 난다는 게요. 그런데 아무 부분이나 이렇게 전위를 시켜서 악보를 그릴 수는 없는 거잖아요.

B 그렇지. 모든 부분이 지금처럼 잘 어우러지지는 않을 테니까. 작곡을 하는 사람은 위와 아래를 전위시켜도 소리가 어울리는지를 계산하며 악보를 그려야 하는 거야.

M 소리의 어울림을 계산하면서 악보를 만들어야 하는군요.

B 그런데 전위라는 게 꼭 같은 구절에만 적용되는 건 아니란다. 다른 소절에도 적용할 수 있어.

M 어떻게요?

B (〈푸가의 기법 13번〉 악보를 보여주며) 여기를 봐라. 네모를 친 위의 소절이 다음 소절에 뒤집어지면서 반복되는 걸 볼 수 있지?

M 오~ 그러네요. 이렇게 다양한 위치에서 전위를 적용할 수도 있다니… 정신을 더 바짝 차리고 악보를 봐야겠어요.

B 계속 가볼까? 30번 변주까지 가려면 아직 멀었거든.

M 알았어요. 그럼 연주를 계속해주세요.

〈푸가의 기법 13번〉(The Art of Fugue XIII)　　© Mike Magatagan

다시 음악 속으로 빠져드는 마르코. 그런데 17번 변주곡에서 바흐 선
생님이 또다시 연주를 멈춘다.

B　혹시 뭐 들린 거 없니?

M　제가 뭘 들었어야 했나요?

B　(악보를 가리키며) 이 부분을 다시 연주할 테니 잘 들어봐라.

〈골드베르크 변주곡 17번〉

M　음… 너무 빨라서 사실 잘 안 들리는데 악보를 보니까 대칭이 있
　　　는 거 같네요.

B　어떤 대칭인지 네가 말해봐라.

M　첫 번째와 두 번째 마디가 서로 y축 대칭이에요. 세로축을 기준

으로 서로 뒤집힌 것처럼 비슷하거든요.

B 음악용어로는 역행이었지. 일정한 구간만큼을 가다가 거꾸로 연주하는 기법이니까 말이다.

M 그런데 음악 속에 있는 저런 대칭을 사람들이 정말 들을 수 있을까요? 반복이나 모방은 들을 수 있을 거 같은데 y축 대칭같이 거꾸로 연주되는 음악을 듣기란 너무 어려운 일 같아요.

B 쉽지 않지. 음악은 시간의 흐름에 따라 한쪽 방향으로 흘러가니까.

M 맞아요. 지나간 시간은 되돌아오지 않잖아요. 연주가 끝난 부분을 되돌려서 지금 듣는 음악과 비교하는 건 불가능하구요. 그러니까 선생님처럼 음악적으로 아주 뛰어난 감각을 갖고 있는 사람이 아닌 이상 역행과 같은 대칭은 바로 알아듣기가 어려울 거 같아요.

B 그래서 미리 공부를 해야 하는 거야. 대위법이 들어간 음악을 분석하며 듣고 싶다면 곡의 구조를 미리 알고 있어야 하거든.

M 그리고 여러 번 들어봐야 할 거 같아요. 아무리 구조를 알고 있다 하더라도 한 번에 정확히 듣기는 어려울 거 같거든요.

B 그래, 맞다. 여러 번 들어봐야 알 수 있지.

M 생각해보니까 제가 그나마 선생님과 대화하며 대위법을 찾을 수 있는 이유가 오기 전부터 〈골드베르크 변주곡〉을 여러 번 들었기 때문인 거 같아요. 악보가 있다 해도 생소한 곡을 들으면서 대위법을 찾으라고 하면 어려울 거 같거든요.

B 그렇다면 네가 생소한 곡에서 역행을 들을 수 있는지 없는지를 테스트해볼까?

M 네? 갑자기 시험을 보는 거예요?

B 아니. 그냥 편하게 들어봐라.

〈음악의 헌정 카논 2〉(Musical Offering Canon 2)

M 저는 어디에 역행이 있는 건지 잘 모르겠어요.

B 그렇다면 악보를 보자. 지금 연주한 음악은 〈음악의 헌정〉 일부
란다. 위의 두 소절을 세로축에 대해 대칭시키면 아래 두 소절이
되는데, 그게 보이니?

M 와~ 정말 그러네요. 그렇다면 저 악보는 거꾸로 연주해도 똑같
은 곡이 되는 거예요?

B 거꾸로 연주해도 바로 연주해도 같은 곡인 거지.

M 저런 기법을 이용해서 곡을 만들면 시간과 노력을 아낄 수 있겠어요. 앞에 만든 소절을 보면서 거꾸로 따라 그리기만 하면 되잖아요.

B 그런 장점도 있긴 하지. 그렇다면 지금 보여주는 악보에는 어떤 대칭이 숨어 있는지 찾아보거라.

〈골드베르크 변주곡 1번〉

M 첫 번째 마디를 두 번째 세 번째 마디로 그냥 평행이동한 거 아니에요?

B 평행이동을 한 것이 맞기는 해. 그렇지만 잘 보면 다르게도 설명할 수 있거든.

첫 번째 마디를 잘 봐라. 중간에 세로선을 그으면 그 선을 중심으로 y축 대칭이 된다는 걸 알 수 있을 거다. 그리고 첫 번째 마디를 180도 회전시키면 두 번째 마디가 되고, 또 두 번째 마디를 180도 회전시키면 세 번째 마디로 모방되거든.

M 그냥 평행이동처럼 보였는데, 회전이동으로도 설명이 되네요. 왜 그렇죠?

B 네가 직접 찾아보면 어떨까?

M (악보를 한참 쳐다보다가) 하나의 마디 안에 이미 180도 회전이 있어서 그런 것 같아요. 예를 들어, 두 번째 마디에서 내려갔다 올

라갔다 다시 내려가는 음표들의 중간에 점을 찍어볼게요. 그럼
그 점을 기준으로 양쪽의 음표들이 180도 회전된 형태로 그려져
있거든요.

B 듣는 건 약해도 보는 데는 강하구나.

M 악보가 있어서 천만다행이에요.

B 네가 본 것처럼 저 악보에는 180도 회전이라는 기법이 숨어 있
단다. 나는 저런 예를 통해서 회전을 이용해서도 얼마든지 대위
적인 음악을 만들 수 있다는 걸 보여주고 싶었어.

M 평행이동, x축 대칭, y축 대칭, 그리고 회전을 이용한 음악이라…
듣다 보니 작곡이라는 게 정말 수학적이라는 생각이 드네요.

B 24번 변주곡에도 비슷한 예가 있단다. 평행이동처럼 보이지만
회전으로도 설명할 수 있는 소절이거든.

〈골드베르크 변주곡 24번〉

M 정말이네요. 이런 식으로 찾다 보면 대위법을 적용한 구절들이
정말 많겠어요.

B 많다 뿐이냐? 내 음악에서 대위법을 빼면 아마 남는 게 없을 거다.

M 그 정도예요?

B 그럼. 이제 대위법이 가능한 기법을 하나만 더 알려줄까?

M 아직 더 남았나요?

B 손바닥 찍기로 만들었던 마지막 패턴을 떠올려보렴.

M 양손을 지그재그로 찍어가면서 앞으로 갔었던 방법이니까 미끄럼반사가 되겠군요.

B 평행이동과 전위를 결합한 형태의 대위법이라고 할 수 있지. 예를 들면 이런 악보에서 찾아볼 수 있겠구나.

〈골드베르크 변주곡 15번〉

M 아래 두 마디를 한 마디만큼 평행이동시킨 후에 가로축을 중심으로 뒤집었군요.

B 먼저 연주된 구절을 뒤따라가며 전위된 음악이 연주되는 거지.

M 마치 변형된 돌림노래 같아요. 똑같이 따라하면 재미가 없으니까 약간씩 변형해가면서 연주를 하는 거죠.

B 음악 연주가 재미있으려면 약간의 긴장감이 필요하거든. 긴장감을 만드는 요소는 연주의 흐름을 깨지 않는 범위 안에서의 창조적 변형이고 말이다. 만약 곡의 구성이 지나치게 구조화되어 있어서 다음에 연주될 구절을 예측할 수 있게 된다면 그 곡은 누구의 흥미도 끌지 못할 거야.

M 음악에 수학적인 요소가 있지만 답이 정해진 기계적인 방식은

아니라는 말씀이시죠?

B 바로 그렇지. 다음 악보도 한번 보겠니? 여기에도 미끄럼반사가
있거든.

〈골드베르크 변주곡 20번〉

M 그러네요. 처음에는 회전인가 했었는데, 자세히 보니까 미끄럼
반사네요.

B 회전과 미끄럼반사는 그 결과가 엄연히 다르단다. 만약 위의 한
마디를 회전시켜서 아래 두 번째 마디를 얻었다면 전체 음들이
올라가는 게 아니라 내려가는 형태로 그려졌을 거야.

M 악보들을 보니까 미끄럼반사가 되게 많은 거 같아요.

B 그럼 네가 한번 찾아보겠니?

M 악보만 보고 찾으란 말씀이시죠? 알겠어요.
(한참을 뒤적이더니) 여기도 미끄럼반사 같아요. 아래 구절에서
위의 구절을 가로축으로 뒤집은 다음 따라하고 있거든요.

〈골드베르크 변주곡 23번〉

B 잘했구나.

M 저 선생님 덕분에 점점 똑똑해지는 것 같아요.

B 그래? 그럼 미끄럼반사의 예를 다른 악보에서도 보고 갈까?

M 좋아요.

〈푸가의 기법 13번〉 ©Mike Magatagan

B 아까 봤던 〈푸가의 기법 13번〉을 보면 거기에도 저런 마디들이 나오거든.

M 미끄럼반사가 맞네요. 한 마디씩 번갈아가면서 뒤집히는 모습이 마치 발자국 같아요. 걸어가면서 찍히는 왼발과 오른발처럼 생 겼잖아요.

B 허허~ 녀석. 악보를 보고 참 여러 가지 상상을 하는구나.

대위법과 7종류의 띠

M 대위법 수업을 들으면서 이런 생각을 해봤어요. 대위법이 적용 된 악보는 일정한 문양이 반복되는 띠와 같다는 생각이요.

B 악보가 띠와 같다구?

M 대위법에서는 평행이동, x축과 y축 반사, 회전, 그리고 미끄럼반

사 같은 기법을 이용하잖아요. 그 기법을 어떤 일정한 문양에 적용해서 좌우로 길게 그리면 다양한 형태의 띠가 만들어지거든요.

B 악보에 음표를 그리듯이 띠에 문양을 그리라는 말 같구나.

M 제가 사진을 보여드릴게요. 얼마 전 태국 방콕으로 여행 가서 찍어온 게 있거든요.

M 태국 왕궁에 가면 정말 화려한 문양들이 많아요. 그중에서 사진 ①을 보시면 불같이 생긴 문양이 띠를 이루고 있잖아요. 저건 대칭 없이 평행이동만으로 만들어진 띠예요. ②는 가운데 축을 중심으로 좌우가 대칭된 띠구요.

B 오른쪽 띠를 악보라고 생각하고 가로로 길게 눕히면 전위, 그러니까 x축 반사가 되겠구나.

① 평행이동

② 거울대칭(x축 반사)

180도 회전축

③ y축 반사와 180도 회전

④ 미끄럼반사

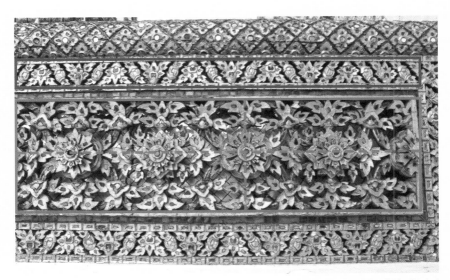

⑤ 미끄럼반사와 y축 반사, x축과 y축 반사

M y축 반사로 만들어진 띠도 있어요. 사진 ③에서 위에 있는 문양을 보면 세로축을 중심으로 좌우가 뒤집어진 모양이잖아요. 그리고 아래 문양은 180도 회전을 해서 만든 띠 문양이구요.

B 거참 신기하구나. 그렇다면 미끄럼반사를 이용한 문양도 있겠는데?

M 당연하죠. 사진 ④의 도자기 아랫부분을 보면 구름 모양이 미끄럼반사예요. 그런데 이게 끝이 아니에요. 지금까지 적용했던 기법들을 혼합하면 새로운 성질의 띠를 만들 수 있거든요.

B 그래? 어떤 것들이 있을까?

M 바로 사진 ⑤에서 보이는 문양들이에요. 어떤 기법이 적용되었는지 찾으실 수 있겠어요?

B ⑤의 위쪽 문양에는 미끄럼반사도 있지만 y축 반사도 보이는구나. 아래 문양은 반사가 두 개 있는 거 같은데? x축으로 한 번, y축으로 또 한 번 말이다.

M 잘 찾으셨네요. 그런데 놀랍게도 대칭을 기준으로 띠 문양을 분류해보면 딱 7가지 종류밖에 없대요. 지금까지 본 7가지가 전부인 거예요.

B 반복되는 문양은 다를 수 있지만 결국 저 7개의 띠 중 하나와 같은 종류의 문양으로 분류된다는 거구나.

M 맞아요.

B 허허~ 녀석. 이제 보니 띠 박사였구나.

M 에서 선생님과 테셀레이션을 공부하다가 관심이 생겨서 알아봤던 건데, 생각보다 복잡하지 않아서 금방 이해가 되더라구요.

반복과 창조

B 띠가 7가지밖에 없다는 얘기를 듣고 나니 문득 대위법으로 만든 내 악보의 종류는 몇 가지 종류일지가 궁금해지는구나.

M 잘은 모르겠지만 7가지보다는 많지 않을까요? 대위법에서는 모방이라는 기법도 있다고 하셨잖아요. 대칭에 예술적인 변형을 적용하면 악보의 종류가 띠와는 비교할 수 없을 정도로 많을 거 같아요. 음표를 2배로 늘려서 천천히 연주하거나 절반으로 줄여 빠르게 연주를 하기도 하잖아요.

B 이젠 작곡도 할 수 있겠는데?

M (손을 내저으며) 그건 아니죠. 저는 선생님이 해주신 설명을 잘 기억하며 머리로 이해할 뿐이거든요.

B 아니야. 정말로 너도 나처럼 악보를 만들 수 있다니까?

M 제가요? 어떻게요?

B 대위법을 이용해 악보를 만드는 일은 띠를 만드는 과정과 같단다. 만약 너에게 어떤 문양을 주고 7가지 종류의 띠를 만들어보라고 한다면 할 수 있겠지?

M 그야 어렵지 않죠. 평행이동과 반사, 회전 같은 기법을 적용해서 그리면 되니까요.

B 작곡도 마찬가지야. 짧은 멜로디가 주어졌을 때 띠를 만드는 것처럼 대칭의 여러 기법을 이용해서 나머지 악보를 완성하면 되거든.

M 말이 쉽지 그걸 제가 어떻게 해요.

B 사실 네가 할 필요도 없지. 요즘엔 인공지능이 작곡을 해주기도 한다던데? 내가 작곡한 음악인지 아닌지 구별하기도 힘들 만큼 아주 비슷하게 말이다. 실제로 영국의 한 프로그램에서 그런 실험을 한 적이 있다는구나. 내가 작곡한 음악과 인공지능이 작곡한 음악을 들려주고 어느 것이 진짜 내 곡인지를 맞혀보라고 했다는데?

M 당연히 맞힐 수 있죠. 인공지능이 아무리 똑똑하다 해도 인간의 손을 거쳐 만든 음악과는 다를 거 같거든요. 왠지 너무 완벽하게 대칭적이고 기계적일 거 같은데요?

B 미안하지만 네 예상이 틀렸구나. 생각보다 많은 사람들이 인공지능이 만든 음악을 내가 작곡한 곡이라고 답했거든.

M 엇! 그럼 진짜 선생님 곡이 가짜 취급을 받은 거예요? 충격적인데요?

B 나는 인공지능이 내 곡을 분석하는 방법이 더 놀랍더구나. 수백 곡에 해당하는 내 악보들을 잘게 자르고 무작위로 삭제한 다음 다시 복원하는 연습을 통해 내 곡을 익혔다는구나. 그런 훈련을 수없이 반복하면서 정말로 내가 작곡한 것 같은 음악을 만들어낼 수 있게 된 거지.

M 그게 가능한 이유는 규칙 때문인 거 같아요. 대위법에는 수학 공식 같은 규칙이 있으니까 그 원리를 파악하는 것쯤은 인공지능에게 식은 죽 먹기인 거죠.

B 정말 대단하지 않니?

M 저는 인공지능을 훈련시킬 만큼 체계적인 음악을 만들어낸 선생

님이 훨씬 더 대단한 거 같아요. 그것도 무려 300년 전에 말이죠. 선생님이 음악의 체계를 만드신 덕분에 후배 음악가들이 덜 힘들게 듣기 좋은 음악을 만드는 거잖아요.

B 그런가?

M 그럼요. 지금도 대위법을 사용해서 작곡을 하는 사람들이 많다고 들었어요. 비틀즈처럼 유명한 그룹도 선생님 음악을 변형해서 작곡을 했다고 하거든요. 비틀즈 음악 중에 대위법 규칙을 찾아볼 수 있는 곡들도 많대요.

B 그 친구들 음악을 나도 한번 들어봐야겠구나.

M 뮤지컬도 보시면 좋을 거 같아요. 〈레미제라블〉의 명장면 속에 나오는 'One Day More'나 〈오페라의 유령〉에 나오는 'Prema Donna' 같은 곡은 정말 멋지거든요. 여러 사람이 서로 자신의 이야기를 노래로 부르다가 다 함께 절정으로 치닿는데, 그야말로 다성음악의 끝판왕인 거 같아요.

B 그렇다면 그 속에 대위법도 들어 있겠구나. 훌륭한 다성음악 속에는 대위법이 빠질 수 없을 테니까.

M 300년 전 선생님의 노력이 현대 음악에서도 빛을 발하는 것 같아요.
사실 선생님과 음악 여행을 하기 전까지 저는 음악을 그냥 아무 생각 없이 듣고 즐기기만 했거든요. 그런데 이제 생각이라는 걸 하며 듣게 되었어요. 다성음악과 화성음악을 구별해서 들을 수 있게 되었구요.

B 배워가는 게 있다니 다행이구나.

M 또 수학의 규칙을 이용한 음악에도 관심이 생겼어요. 무리수 파이(π)나 피보나치 수열을 이용한 음악이 있다는 것도 알게 되었거든요.

B 그런 음악이 다 있냐?

M 네. 〈이상한 나라의 수학자〉라는 영화를 보면 무리수 파이를 이용한 음악이 나와요. 파이는 3.14159265358979…같이 반복되지 않고 무한히 진행되는 소수잖아요. 그 수를 건반에 대응시켰더니 정말 멋진 음악이 탄생하더라구요.

B 피보나치 수열은 또 뭐냐?

M 수학자 피보나치가 만든 수열인데, 1, 1, 2, 3, 5, 8, 13, …처럼 앞의 두 수를 더해서 다음 수를 만드는 규칙이에요. 이 수열의 연속한 두 수의 비는 황금비에 가까워지거든요. 그래서 자연의 많은 규칙들이 피보나치 수열을 따른다고 해요.

B 황금비를 품고 있는 수열이구나. 그 수열로도 음악을 만들 수 있다구?

M 파이로 음악을 만들었던 것처럼 피보나치 수열에서도 숫자 하나에 건반 하나를 대응시키면 돼요.

B 너 덕분에 나도 새로운 작곡법을 하나 배워가는구나. 한번 도전해보고 싶은데?

M 또요? 선생님의 도전 정신은 정말 끝이 없군요.

B 그럼 이쯤하고 페스티벌을 구경하러 갈까?

M 아까부터 기다리던 말이었어요. 빨리 가요.

독일 라이프치히의 바흐 페스티벌

여행의 마지막 날 저녁. 늦게까지 페스티벌을 즐기고 돌아온 마르코의 가슴은 벅찬 감동으로 가득 차 있다. 바흐 선생님과 함께해서일까? 아니면 지금껏 몰랐던 클래식 음악의 넓고 깊은 세계를 조금이나마 알게 되어서일까? 제각기 다른 소리들의 조화로운 어울림을 들을 수 있게 된 마르코에게 음악은 세상을 이해하고 소통하는 또 다른 중요한 열쇠가 될 것 같다.

독일 라이프치히 공항(LEJ) ✈ 서울/인천 공항(ICN)

마르코는 열흘 동안 열리는 바흐 페스티벌에 하루도 빠짐없이 참석한다. 축제의 개막을 알리는 성 토마스 교회 소년 합창단의 공연에서부터 마지막 〈B단조 미사곡〉(Mass in B Minor) 공연까지. 마르코는 중요한 공연을 놓칠까봐 안내 책자에 밑줄까지 쳐가면서 꼼꼼하게 챙겨본다. 공연장을 찾아 정신없이 뛰어다니다가도 막상 연주가 시작되면 넋을 잃고 음악에 빠져들기를 반복하던 마르코. 그런 모습이 기특한지 바흐 선생님은 묵묵히 마르코의 일정에 호흡을 맞춰준다.

B 공연이 마음에 드니?

M 말해 뭐해요. 너무 멋지잖아요. 선생님의 음악을 사랑하는 음악가들이 전 세계에서 몰려와 연주를 하는데 어떻게 안 멋질 수가 있겠어요.

B 마음에 든다니 다행이구나. 도착하던 날에는 내 음악을 들으며

꾸벅꾸벅 졸더니만 이젠 안 졸고 잘 듣는데?

M 아이참! 그건 시차 때문에 피곤해서 그랬던 거구요.

B 허허허~ 그래. 대충 그랬던 거로 치자. 그런데 이제 짐을 싸야 하지 않을까? 공연도 끝났고 비행기 시간도 다가오니 말이다.

M 다시 돌아가야 하는군요.

B 왜? 가기 싫은 거냐?

M 네. 며칠 더 머물면서 음악도 듣고 산책도 하고 선생님과 이야기도 나누면 좋겠어요.

B 녀석. 내 귀에는 놀고 싶다는 말로 들리는구나.

M 아니죠. 지금까지 선생님과 했던 여행처럼 알찬 공부가 세상에 어디 있어요. 최초의 음계는 어떻게 생겨났는지, 음악에는 왜 무리수가 필요한지, 피아노는 왜 지수함수 모양으로 생겼는지 같은 새로운 것들을 배웠잖아요.

B (손을 내저으며) 그래, 알았다. 나와 함께 음악의 기초는 다졌으니 앞으로는 <u>스스로</u> 배워나가길 바란다. 이제 너는 <u>스스로</u> 찾아서 공부할 수 있을 만큼 준비가 되었거든.

M 정말 그럴까요?

B 그럼. 집으로 돌아가면 기회가 되는 대로 여러 장르의 음악을 들어보거라. 그러면 지금까지 배웠던 내용들이 떠오르면서 음악을 분석하며 듣고 있는 너를 발견하게 될 거다.

M 악기들도 유심히 보게 될 거 같아요. 우리나라의 전통악기부터 다른 나라의 악기들까지. 평균율에 의해 만들어진 건지 아닌지를 구별해보고 싶거든요.

B 좋은 생각이구나.

M 선생님과 함께했던 음악 여행이 오래오래 기억에 남을 거예요. 제가 매일 듣는 음악 속에도 알고 보면 선생님이 계신 거잖아요.

B 그런가?

M 그럼요. 평균율로 만들어진 현대의 음악들은 모두 선생님에게 빚을 지고 있는 거예요. 선생님의 노력이 없었더라면 지금도 조를 바꿀 때마다 유리수 비율을 계산하느라 진땀 흘리고 있을지 모르잖아요.

B 과장이 너무 심한 거 아니냐?

M 뭐~ 제 생각이 그렇다는 겁니다.

B 잘 배웠다니 다행이고 집에 돌아가서 숙제도 열심히 해서 제출하거라.

M 숙제요? 선생님도 숙제를 주시는 거예요?

B 당연하지. 원래 훌륭한 교사들은 다 숙제를 내는 법이야.

M 아효⋯ 제가 만난 선생님들은 모두 예외가 없군요.

공항까지 마중을 나오신 바흐 선생님을 홀로 떠나보내는 마르코의 마음이 짠해져온다. 평생을 독실한 신자로, 신실한 음악가로 살아가면서 검은 칸토르 복장을 벗지 않았을 것만 같은 바흐 선생님. 오늘도 언제나처럼 검은 외투를 걸쳐 입고 천천히 걸어가는 뒷모습이 한없이 측은하게 느껴진다.

'아⋯ 맞다. 헤어지기 전에 말해 드릴걸. 평생을 쉼 없이 사셨으니 이젠 좀 편안하게 지내시라고 말이야.'

성 토마스 교회에 잠들어 있는 바흐

못다 한 말을 속으로 삼키며 마르코는 탑승을 위해 입국장으로 들어간다. 그리고 다짐해본다. 형에게 의지하지 않고 독립하기 위해 애쓰던 어린 시절 바흐 선생님처럼 마르코 역시 능력을 키우기 위해 뭐든 열심히 배우겠노라고.

· 부록 ·

음악으로 미술하기,
음악으로 수학하기

체험학습으로 고궁을 방문하게 된 어느 날. 마르코는 고궁의 벽과 창살, 처마를 장식하는 띠 문양을 물끄러미 바라보다가 바흐 선생님이 내주신 숙제를 떠올린다.

'맞다! 악보를 그릴 때 사용했던 대위법과 같은 기법을 생활 속에서도 찾아보라고 하셨지!' 잠시 고민하던 마르코는 고궁 속 띠 패턴을 하나하나 사진으로 찍는다. 그 후 집으로 돌아가 바흐 선생님의 악보와 띠 문양을 함께 비교해 연구해보기로 한다.

1. 악보 속 대위법 찾기

1) 다음 악보의 ①과 ②에 적용된 대위법은 무엇일까?

〈악보1〉

□ 반복(평행이동)   □ 전위(x축 대칭)   □ 역행(y축 대칭)

〈악보2〉

□ 반복(평행이동)   □ 전위(x축 대칭)   □ 역행(y축 대칭)

〈악보3〉

□ 미끄럼반사   □ 전위(x축 대칭)   □ 역행(y축 대칭)

2) 다음 한국의 전통 띠 문양 중에서 〈악보1〉, 〈악보2〉, 〈악보3〉에 적용된 대위법과 같은 기법이 적용된 것을 짝지어보자.

〈띠 문양1〉

〈띠 문양2〉

〈띠 문양3〉

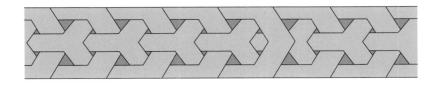

2. 대위법으로 띠 문양 완성하기

다음 악보에 적용된 대위법 규칙에 맞게 띠 문양을 완성해보자.

〈악보1〉

〈띠 문양1〉

〈악보2〉

〈띠 문양2〉

〈악보3〉

〈띠 문양3〉

〈악보4〉

〈띠 문양4〉

3. 악보 속 음표들을 숫자로 나타내기

다음 악보에서 '도'를 숫자 1이라고 할 때, 나머지 음을 숫자로 나타내보자.

1) 파이송

미 도 파 도 솔 레 레   라 솔 미 솔 도 레 시   레 미 레 미 도 파 라   레 라 파 미 미 도 미

2) 피보나치송

스스로 체크하기

1. 악보 속 대위법 찾기

1) 〈악보1〉 ☑ 전위(x축 대칭)

  〈악보2〉 ☑ 역행(y축 대칭)

  〈악보3〉 ☑ 미끄럼반사

2) 〈악보1〉과 〈띠 문양3〉

  〈악보2〉와 〈띠 문양1〉

  〈악보3〉과 〈띠 문양2〉

2. 대위법으로 띠 문양 완성하기

〈띠 문양1〉 평행이동

〈띠 문양2〉 y축 반사

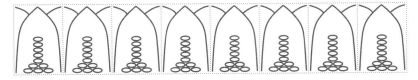

〈띠 문양3〉 회전

〈띠 문양4〉 미끄럼반사

3. 악보 속 음표들을 숫자로 나타내기

1) 파이송

미도파도솔레레	라솔미솔도레시	레미레미도파라	레라파미미도미
3. 1 4 1 5 9 2	6 5 3 5 8 9 7	9 3 2 3 8 4 6	2 6 4 3 3 8 3

2) 피보나치송

1	1 2 3	5	8 12+1	1 2 3	5	8 12+1	1 1 2 3	5	8 12

1685	3월 21일 아이제나흐의 도시 음악가인 아버지 요한 암브로지우스 바흐 와 어머니 엘리자베트 바흐 사이에서 태어났다.
1692	아이제나흐 라틴어 학교에 입학한다.
1694	어머니 엘리자베트 바흐가 50세 나이로 사망한다.
1695	아버지 암브로지우스 바흐가 49세 나이로 사망한다.
	형 요한 야코프와 함께 맏형 요한 크리스토프가 사는 오어드루프로 이 사한다.
1700	4월 뤼네부르크의 성 미카엘 교회 부속학교에 합창 장학생으로 입학한다.
	5월 튀링겐 오르간 연주자 겸 작곡가인 게오르크 뵘의 제자가 된다.
1702	4월 뤼네부르크의 성 미카엘 교회 부속학교를 졸업한다.
1703	12월 6일 바이마르 궁정에 연주자 겸 하인으로 고용되어 6개월간 일한다.
	8월 9일 아른슈타트 신교회의 오르간 연주자로 임명된다.
1705	8월 바순 주자인 요한 하인리히 가이어스바흐와 논쟁을 벌인다.
	11월 북스테후데의 연주를 보기 위해 4주간 휴가를 내고 뤼베크로 여 행을 떠난다.
1706	뤼베크에서 4개월 만에 복귀한 후 아른슈타트 교회에서 징계를 받는다.
1707	6월 14일 뮐하우젠의 성 블라시우스 교회 오르간 연주자로 임명된다.
	10월 17일 요한 미하엘 바흐의 딸인 23세의 마리아 바르바라와 결혼한다.
1708	6월 25일 성 블라시우스 교회 오르간 연주자 직을 그만둔다.
	7월 바이마르 궁정의 오르간 겸 실내악 연주자로 고용된다.
1710	11월 22일 장남인 빌헬름 프리데만이 태어난다.
1713~1714	할레의 오르간 연주자로 임명되었으나 계약 변경을 요청한 후 계약이 취소된다.
1714	3월 바이마르 궁정악단 콘체르트마이스터로 승진한다.
	매달 교회 칸타타를 작곡할 의무가 생긴다.
	3월 8일 아들 카를 필리프 에마누엘이 태어난다.
1717	3월 루이 마르샹과 음악 대결을 위해 드레스덴을 방문했으나 무산된다.
	8월 쾨텐 대공의 궁정악장 직위를 수락한다.

빌헬름 에른스트 대공이 허락하지 않으며 4주간 구금당한다.

12월 바이마르 궁정으로부터 불명예스럽게 해고당한다.

1719 6월 할레에서 헨델을 만나고자 했으나 성사되지 않는다.

1720 함부르크에서 옛 스승이던 라인켄을 방문하고 그가 작곡한 〈바빌론 강가에서〉를 즉흥 연주한다.

5~6월 레오폴트 대공의 카를스바트 온천 여행에 동행한다.

7월 7일 아내 마리아 바르바라 바흐가 35세의 나이로 사망한다.

1721 3월 〈브란덴부르크 협주곡〉 악보를 브란덴부르크 슈베트의 공작 크리스티안 루트비히에게 헌정한다.

12월 3일 20세의 안나 막달레나 빌케와 재혼한다.

1723 4월 라이프치히의 성 토마스 교회 칸토르로 선출된다.

1727 4월 11일 성금요일에 〈마태수난곡〉을 토마스 교회에서 최초로 연주한다.

1729 4월 15일 성금요일에 〈마태수난곡〉을 다시 연주한다.

1730 8월 바흐의 교직 의무를 두고 라이프치히 의회와 논쟁을 벌인다.

1735 50세가 된 바흐가 주석이 달린 가계도로 그려진 족보 '음악가 가문 바흐의 기원'을 작성한다.

1737 10월 요한 아돌프 샤이베가 익명으로 바흐를 공격하는 문서를 발표한다.

1741 9월 〈골드베르크 변주곡〉, 《건반악기 연습곡집》을 발표한다.

1747 5월 프로이센의 국왕 프리드리히 2세를 만나기 위해 포츠담 상수시 궁전을 방문한다.

6월 음악과학협회의 열네 번째 회원으로 가입한다.

그의 이름 B-A-C-H가 음악 기호로 포함된 카논 변주곡 〈높은 하늘로부터〉를 협회에 헌정한다.

5월 눈병과 백내장이 생긴다.

1750 3~4월 영국 외과의사 존 테일러 박사의 집도로 두 번의 안과 수술을 받는다.

7월 22일 뇌졸중으로 쓰러져 마지막 성찬예배를 받는다.

7월 28일 저녁 8시 15분 65세의 나이로 사망한다. 라이프치히 요하니스 교회 묘지에 안장되었으며 현재는 성 토마스 교회에 잠들어 있다.

바흐 사후 부활의 길

1802	요한 니콜라우스 포르켈이 바흐의 첫 번째 전기인 『요한 제바스티안 바흐의 생애와 예술 그리고 작품』을 출간한다.
1829	3월 11일과 21일 〈마태수난곡〉이 펠릭스 멘델스존이 지휘한 첼터 성악학교 합창단의 연주로 베를린에서 공연된다.
1843	멘델스존이 제작한 바흐 기념비가 라이프치히에 세워진다.
1850	바흐 사후 100주년을 기념하고 바흐의 작품을 분석, 비평할 목적으로 '바흐 협회'가 설립된다.

· 참고 자료 ·

도서 및 저널

· 금난새 지음, 『금난새의 클래식 여행』, 아트북스, 2012.
· 린 캠웰 지음, 김수환 옮김, 『수학과 예술』, 샘앤파커스, 2019.
· 마커스 드 사토이 지음, 박유진 옮김, 『창조력 코드』, 북라이프, 2020.
· 민은기 지음, 『난처한 클래식 수업 3: 바흐, 세상을 품은 예술의 수도사』, 사회평론, 2020.
· 신현용 지음, 『심포니아 마테마티카』, 매디자인, 2020.
· 신현용 지음, 『예루살렘과 아테네의 대화 1』, 매디자인, 2022.
· 신현용 · 신혜선 · 나준영 · 신기철 지음, 『수학 IN 음악』, 교우사, 2014.
· 신현용 · 유익승 · 문태선 · 신기철 · 신실라 지음, 『수학 IN 디자인』, 교우사, 2015.
· 안인모 지음, 『클래식이 알고 싶다: 고전의 전당 편』, 위즈덤하우스, 2022.
· 애드워드 로스스타인 지음, 장석훈 옮김, 『수학과 음악』, 경문사, 2002.
· 요한 니콜라우스 포르켈 지음, 강해근 옮김, 『바흐의 생애와 예술 그리고 작품』, 한양 대학교 출판부, 2020.
· 존 엘리엇 가디너 지음, 노승림 옮김, 『바흐: 천상의 음악』, 오픈하우스, 2020.
· 티모시 가워스 · 준 배로우-그린 · 임레 리더 외 엮음, 권혜승 · 정경훈 옮김, 『Mathematics 2 (프린스턴 수학 안내서)』, 승산, 2015.
· 폴 뒤 부셰 지음, 권재우 옮김, 『바흐, 천상의 선율』, 시공사, 2011.
· David Yearsley, 『Bach and the Meaning of Counterpoint』, Cambridge University Press, 2002.
· 나주리, 「바흐의 〈브란덴부르크 협주곡〉, 그 회고와 혁신 – 제5번 협주곡(BWV1050) 을 중심으로」, 음악논단 제23집, 2009년 10월호, 21~45쪽.
· 뉴턴 그래픽 사이언스 매거진, 「그림으로 보는 수학: Part3. 그래프와 함수」, 2020년 5 월호, 50쪽.
· 신현용, 「수학과 음악의 동행」, 한국수학교육학회 〈뉴스레터〉, 2019년 11월호.

- 신현용, 「1과 2가 부르는 노래」, 한국수학교육학회 〈뉴스레터〉, 2020년 5월호.
- 신현용, 「오래된 수학」, 한국수학교육학회 〈뉴스레터〉, 2020년 11월호.
- 신현용, 「AI: DeepBach」, 한국수학교육학회 〈뉴스레터〉, 2022년 1월호.

사이트

- 나무위키(https://namu.wiki/)-요한 제바스티안 바흐/생애
- 네이버 지식백과 수학산책(https://terms.naver.com/search)-피타고라스 음률, 평균율과 순정률
- 라이프치히 바흐 아카이브(https://digitalesammlungen.bach-leipzig.de/)
- 라이프치히 바흐 페스티벌(https://www.bachfestleipzig.de/de/bachfest)
- 브리타니카(https://www.britannica.com/)-Pythagoreanism
- 악보 다운로드(https://www.free-scores.com/)
- 위키백과(https://ko.wikipedia.org/wiki/)-바흐, 바흐 페스티벌, Franchinus Gaffurius
- 위키커먼스(https://commons.wikimedia.org/)
- 월간 리크루트(http://www.hkrecruit.co.kr/)-유럽인은 왜 가발을 썼을까?
- Bach, Art of Fugue-animated graphical scores
  (http://www.musanim.com/ArtOfFugue/)
- How a Pipe Organ Works(https://www.pipedreams.org/)
- Federico Garcia, The nature of Bach's Italian Concerto BWV 971, March 2004.
  (https://www.yumpu.com)

동영상

- 서양음악기행 - 바흐와 헨델, 바로크 시대를 듣다
- 카운터포인트(대위법)란? [2500년의 음악 역사]
- 홍승찬의 클래식, 경제로 풀다 - 종교 개혁과 바흐의 탄생
- EBS 특별기획 통찰-땅을 딛고 서서 하늘을 우러러본 위대한 음악가들
- A Musical Offering from J.S. Bach to Frederick The Great

- A Passionate Life (BBC Documentary)
- Amazing Counterpoint: Analysis of D Major Fugue from Bach's Well-Tempered Clavier, Book II
- Bach - The Art of Fugue (Documentary)
- Bach's Goldberg Variations [Glenn Gould, 1981 record] (BWV 988)
- Chronik der Anna Magdalena Bach, 1968 (Film)
- Encountering BACH: a documentary film (2020) David Chin
- Gidon Kremer: Back to Bach (Documentary)
- Great Composers - Johann Sebastian Bach (BBC Documentary)
- Mein name ist Bach, 2003 (Film)
- Songs that use Counterpoint
- Ton Koopman in the footsteps of J.S. Bach in Thomaskirche Leipzig
- What is Counterpoint? Free Music Lessons

음원 출처

(유튜브에서 다음 내용으로 검색하거나 이 책 본문에 삽입된 QR코드를 통해 연주 영상을 볼 수 있습니다.)

- 〈이탈리아 협주곡〉

  17쪽: Italian Concerto in F BWV 971 / András Schiff
- 〈G선상의 아리아〉

  23쪽: Air from Orchestral Suite no. 3 in D major BWV 1068 / Netherlands Bach Society

  102쪽: Air on the G String-Whitworth Hall, Organ, The University of Manchester / Jonathan Scott
- 〈골드베르크 변주곡〉

  61쪽: The Goldberg Variations BWV 988 / Glenn Gould (1981)

  68쪽: The Goldberg Variations BWV 988 / Glenn Gould (1955)
- 〈브란덴부르크 협주곡 3번〉

  89쪽: Brandenburg Concerto no. 3 in G major BWV 1048 - Sato / Netherlands Bach

Society

- 〈무반주 첼로 모음곡 1번〉

  119쪽: Cello Suite no. 1 in G Major, Prélude BWV 1007 / Yo-Yo Ma

  125쪽: Bach Cello Solo no. 1 BWV 1007 / Pablo Casals (1954)

- 〈평균율 클라비어곡집 1권 프렐류드〉

  153쪽: WTC I Prelude in C major BWV 846 / Yo-Yo Ma, Kathryn Stott

- 〈푸가 G단조〉

  181쪽: Fugue in G minor BWV 578 / Ton Koopman

- 〈음악의 헌정〉

  219쪽: Bach-Fuga Canonica in Epidiapente, BWV 1079 / Barthold Kuijken, Sigiswald Kuijken, Wieland Kuijken, Robert Kohnen

- 〈파이송〉

  274쪽: 원주율로 만들어진 파이(π)송 / 이상한 나라의 수학자 OST. ⓐ jihunpiano

- 〈피보나치송〉

  274쪽: Encoding the Fibonacci Sequence Into Music

사진 및 도판 출처

- Alamy 125쪽.
- Bach-Archiv Leipzig (www.bach-leipzig.de) 29, 31, 39, 72, 94~95, 96(위 오른쪽), 100, 121, 160~161, 166, 184~185, 189쪽(위).
- free-scores.com (public domain) 23, 153, 219, 239, 241, 243(아래), 246, 247, 248, 249쪽.
- Istock 25, 33, 189(아래), 222, 259, 264쪽.
- musescore.org (public domain) 119쪽.
- pipedreams.org 104쪽.
- Pixabay 230(아래), 269쪽.
- Shutterstock 30쪽.
- Wikimedia Commons 15, 27, 47, 48, 61, 70, 77, 78, 96(위 왼쪽), 96(아래), 98, 105, 130, 132, 165, 192, 198, 202, 225, 230(위), 233, 245쪽.